高等职业教育公共基础课教材

图书在版编目（CIP）数据

职业素养 / 胡秀锦主编. —2版. —上海：华东师范大学出版社，2023
ISBN 978-7-5760-4664-9

Ⅰ.①职… Ⅱ.①胡… Ⅲ.①职业道德 Ⅳ.①B822.9

中国国家版本馆CIP数据核字(2024)第027431号

职业素养（第二版）

主　　编　胡秀锦
策划编辑　李　琴
项目编辑　余思洋
责任校对　时东明
装帧设计　俞　越

出版发行　华东师范大学出版社
社　　址　上海市中山北路3663号　邮编 200062
网　　址　www.ecnupress.com.cn
电　　话　021－60821666　行政传真 021－62572105
客服电话　021－62865537　门市（邮购）电话 021－62869887
地　　址　上海市中山北路3663号华东师范大学校内先锋路口
网　　店　http://hdsdcbs.tmall.com

印 刷 者　江苏扬中印刷有限公司
开　　本　787毫米×1092毫米　1/16
印　　张　15
字　　数　278千字
版　　次　2024年6月第2版
印　　次　2024年6月第1次
书　　号　ISBN 978－7－5760－4664－9
定　　价　39.00元

出 版 人　王　焰

编委会

主　编　胡秀锦
编　委　王　忠　郭顺清　毛　新
曾　贞　冯志军

前言

“未来的职业世界究竟是怎么样的?”这是一个关于人的成长和人才培养的重要问题。著名未来学家丹尼尔·平克认为，在未来人需要有六种技能：设计感、讲故事的能力、整合事物的能力、共情能力，还需要会玩，需要找到意义感。我们一直在思考，当前的教育，真的能够让学生在未来时代追求幸福和成功吗?

对于学生来说，在学校期间，仅了解一个专业、学好一门技术，是远远不够的。教育的本质，就是要帮助学生在未来的生活中更成功地追求自己的幸福，而不是为社会打造一个合适的机器。随着OpenAI发布文本转视频的最新平台Sora，人工智能的进步不断刷新着人们的认知。在这样的数字化时代，鼓励学生保持好奇、拥抱变化，在恰当的时候开启自己喜欢的事业，才是教育应该给学生提供的最宝贵的基础。

《职业素养（第二版）》一书着眼于世界的未来发展变化，旨在为学生提供系统而全面的职业素养培育，帮助他们做好适应未来工作变化的准备，成就出彩的人生。在综合应用教育教学相关研究成果的基础上，从学生的发展需求出发，我们确定了增强自信心、学会有效沟通、学会学习、提升自我管理能力、抗压与抗挫、提高决策能力、强化执行力、掌握求职技能、学会团队合作、创业能力养成十大素养，并由此形成本书的十个章节。每一章节均由故事阅读、场景分析、活动体验、课堂练习和课后尝试五个部分组成，并穿插着多样化的栏目，力求使本书呈现富有趣味性、重在体验和感悟的特色内容。

培养学生的职业素养，不仅是提升学生就业质量和就业能力的重要举措，更是提升学生适应未来发展能力的重要渠道。这是一项具有开创性的工作，如果能对学生有所帮助，则幸甚!

编　者

2024年2月

目录

拥有自信心和努力奋斗是塑造美好人生的基石。三国时期杰出的政治家、军事家诸葛亮在《出师表》中提到："恢弘志士之气，不宜妄自菲薄。"自信心是个人取得职业成就的关键因素之一，是一种内在的信念和态度，体现出了一个人对自己能力和价值的肯定与信任。具有自信心的人更能勇敢地面对挑战和压力，更容易在工作和生活中取得成功。

01 增强自信心

第一节 寻找自信的源泉

信仰、信念、信心，任何时候都至关重要。小到一个人、一个集体，大到一个政党、一个民族、一个国家，只要有信仰、信念、信心，就会愈挫愈奋、愈战愈勇，否则就会不战自败、不打自垮。

——习近平

学习目标

1. 了解自信对个人成长的重要价值。
2. 了解激发自信心的基本方法。

学习要点

1. 体验对自己实施正面评价所产生的积极作用。
2. 能够以积极务实的态度处理所面对的困境，进一步增强自信心。

故事阅读

李四光推翻“中国贫油论”

李四光是中国著名地质学家、中国地质力学的创立者。20世纪初，美国美孚石油公司，曾在我国西部打井找油，结果毫无收获。于是，以美国布莱克威尔教授为首的一批西方学者，曾断言中国地下无油，是一个“贫油的国家”。

但李四光偏不信这个邪，而是根据地质力学的研究，认为：美孚的失败并不能断定中国地下无油的结论。他深信我国的天然石油资源蕴藏量应当是丰富的，关键是要抓紧开展地质勘探工作。在其理论及研究的鼓舞下，我国的石油队伍发现了大庆油田、胜利油田、大港油田、江汉油田等油田。

可以说，李四光和我国的石油队伍靠自信、自强，彻底推翻了“中国贫油论”。

思 考

1. 面对美孚石油公司和美国教授的质疑，李四光不信邪的底气是什么？

2. 李四光为什么能够推翻“中国贫油论”？

你知道吗

培养自信心的方法

1. 积极主动面对生活。
2. 练习正视别人。
3. 走路昂首挺胸，正视前方。
4. 练习当众发言。
5. 咧嘴大笑，每天至少赞美别人一次。
6. 提高说话的声音。
7. 学会自我暗示，如：遇到突然的变故能够冷静下来，可以暗示自己先平复情绪；想自己会成功，而不要想会失败；不时提醒自己，自己比想象中更好。
8. 培养运动的习惯，可以坚持跑步、跳舞、远足、打篮球等，也可以坚持晨练。
9. 自卑时，要及时给自己以鼓励。如做几次深呼吸，看看蔚蓝的天空，暗示自己："我不错，我不错，我真的很不错！"
10. 树立远大志向。

场景分析

小林的困扰

刚进入公司的大学毕业生小林，负责行政办公室的内勤工作。他认真负责、按时保质地完成办公室主任交代的工作，严格遵守工作纪律。小林虽与同事交流较少，但平时相处都比较自然，同事也友好待他。不过，有时小林会对工作中的小事非常在意，比如，有一次办公室主任请小林订工作餐，交代了其他同事的需要，却未询问小林，小林感到自己被忽视了；还有一次，办公室主任分配当月工作任务，但没有提及小林负责的宣传工作部分，小林对此十分困惑，但又不敢进一步了解情况。就这样，一些小事积累下来，小林心情低落，越来越感觉工作力不从心，对自己的工作能力产生了怀疑。

对此，小林该怎么办呢?

分析与练习

1. 小林面对的问题具有职场普遍性，特别是对于初入职场的青年来说，更容易在职场中因过度敏感而不自信。面对这种情况，如果你是小林，应该怎么办?

2. 如何才能增强职场自信心?

·小贴士·

增强职场自信心的三要诀

1. 努力做好自己的岗位工作。
2. 不纠结具体小事，那可能只是别人的无心之举。
3. 明确工作目标，追求长远发展。

活动体验

活动一 情景剧表演

【人物】

妈妈和小燕。

【剧情】

小燕：(在卧室，手拿成绩单，边走边说）又考砸了，怎么办？怎么向妈妈交代呢？

妈妈：小燕，吃饭。

小燕：哦，我不饿，我不想吃！

妈妈：怎么啦，不舒服吗？（转身时看见小燕手拿成绩单）小燕，期中考试成绩发下来了吧，考得怎么样？

小燕（害怕）：妈……

妈妈（关心）：怎么啦？

小燕（忐忑）：退步了。

妈妈：给妈看看（拿过成绩单）！

小燕：妈，我在学校学习时，基础课基本没有困难，但是专业课学习一直找不到感觉，成绩一次比一次差，我越来越没信心。妈，我很害怕，我看见专业课的书就发怵，我不想读书了。我怎么这么笨啊！（哭泣）

【表演建议】

学生开始即兴表演。

（1）学生可以分组，分别按不同的剧情走向进行表演。如一组表现妈妈看到成绩单后很生气，责备小燕不努力，小燕继而与妈妈发生争吵；另一组表现妈妈帮助小燕分析原因，寻找提高成绩的方法；还有一组可表现妈妈安慰小燕，倾听小燕的诉说并帮助她平静下来。

（2）在每一组表演的过程中，其他同学可进行观察、记录，结合各类情景进行总结。

交流分享

1. 小燕知道了期中考试成绩后的心态是怎么样的？你是从哪些地方看出来的？

2. 假如你的期中考试成绩退步了，你会怎么做？

3. 我们应怎样帮助小燕摆脱这种不良心态，重拾自信心？

青少年增强自信心的建议

1. 每天清晨出门前，对镜整理着装，确保仪容仪表整齐。饭后，注意整理，保持干净。就寝前做好清洁工作。这些都有助于保证个人卫生的清洁、干净，个人形象的大方、整洁，有助于自信心的提升。

2. 不要过于注重身体上的不完美之处。其实每个人都不是十全十美的，但每个人都是独特的，对不完美想得越少，自我感觉就会越好。
3. 不要过多地指责别人。批评别人是缺乏自信心的一种表现。
4. 别人讲话时，不必用插话来博取别人的好感，赢得别人尊重的前提是注意倾听别人讲话，别人的尊重也会增强个人的自信心。
5. 为人坦诚，切忌不懂装懂。同时，对别人的成就和魅力要学会欣赏，不能故作冷漠。
6. 要在自己的身边找一个能分享快乐和共担痛苦的朋友，这样就不会感到孤独。
7. 不要试图用高声叫喊或暴力行为等来壮胆。
8. 面对对自己有敌意的人，要有克制和豁达的态度，也要学会从多方面分析原因。
9. 在别人处于不利环境时抱有同理心，不显示优越感，给予别人力所能及的帮助。这样，在自己遭受不利时他人才会施以援手。

活动二 过自信关

活动步骤：

（1）两位同学扮演守门神，守门把关。

（2）过关人的外在要求：昂首挺胸向前走，正视前方，说话铿锵有力，做事态度坚决。

（3）过关人的内在要求：现场展示凭什么本事来过关。

（4）过关人从距离守门神三米的地方开始向前走，走至守门神面前后，说："报告守门神，我是 ×××，我凭……来过关，现在请求过关。"并开始现场展示。

（5）合格者过关，回到座位；不合格者，守门神告诉其为什么不合格，并请其再次尝试过关。

交流分享

1. 你尝试了几次才过关？你是怎样通过守门关的？

2. 这个活动给你的启示是什么？

树立自信心的基本方法

1. 发现自身优势，找到自信心的“支点”。
2. 确定恰当的目标，在生活中积累成功的经验。
3. 正视自己的不足，努力变弱为强。
4. 克服自卑心理。

课堂练习

1. 想一想，写一写。

根据老师出示的树立自信心的基本方法，结合自身实际情况，寻找最适合自己的方法与策略，将其记录下来。

2. 说一说，试一试。

小组同学交流树立自信心的方法和策略；同时根据他人的发言，适当进行补充；并且尝试运用其他同学所使用的方法。

课后尝试

写一首小诗

我是……

我是（我所具有的两种品格）；

我好奇（我所好奇的事情）；

我听见（一种想象的声音）；

我看见（一种想象的景象）；

我愿（一个现在的愿望）；

我是（重复本首诗的第一行）！

第二节

展开自信的翅膀

什么时候没有困难？一个一个过，年年过、年年好，中华民族5000多年来都是这样。爬坡过坎，关键是提振信心。

——习近平

学习目标

1. 了解增强自信心的途径。
2. 有效提升自己和他人的自信心。
3. 能够制作个人名片，完成获奖证书及能力特长调查等。

学习要点

1. 在正确认识自我的基础上树立自信的生活态度。
2. 在增强自信心的过程中，培养正确的人生观和价值观。
3. 学会正确地认识自我，对自己做出客观的评价。
4. 能够走出误区，不自负，不自卑。

故事阅读

一步改变人生

有一天，偏僻的小山村里突然开进了一辆车，听说是有人来选角，这可是件新鲜事，全村人都围了过来。从车上走下来几个人，其中一个中年男子问大家："你们想不想演电影？想演的请站出来。"一连问了好几遍，村民都不敢吱声，好多人只顾着和身边的人窃窃私语。这时，一个十八九岁的女孩站了出来，她红扑扑的脸蛋上透出了倔强和淳朴。"你会唱歌吗？"中年男子问。"会。"女孩大方地回答。"那请你唱一首吧。""行。"女孩开口就唱，一边唱还一边跳。她的歌声虽说并不是非常完美，但是响亮、自然，举手投足间也不怯场，打动了在场的人。"好，就是你了。"这个勇敢向前迈了一步的女孩，幸运地被导演选中，在电影中出演了重要角色，成为了大家眼中的另一个她。

思 考

1. 故事里的女孩敢站出来，这说明她是一个什么样的人？

2. 你认为这个女孩成功的基础是什么？

3. 现在，请大家也说说自己的"自信故事"。

相信自己

相信自己能行，是一种信念，也是一种力量。一句“我能行”，能让人们持有相信自己、必定会成功的态度。每个成功者都相信“我能行”。

场景分析

帮帮小勇

小勇的家乡在一个偏远的农村，他聪明、淳朴、善良，读书也很用功。小勇刚入学时在学校里成绩不错，但是他总是觉得自己在同学中格格不入。

比如，同学知道很多体育明星、电影明星等，自己却很少听说。而且他感到自己不够时尚，黝黑的皮肤、朴素的衣着和一口浓重的乡音，与同学沟通起来总觉得不够顺畅。一个学期下来，小勇的成绩不如以前那么好了，特别是专业课成绩有所下滑，这更让他整日生活在自卑和不安之中。

分析与练习

1. 你认为小勇产生自卑心理的原因是什么？

2. 如何帮助小勇跨越自卑，重新树立自信心？

· 小贴士 ·

扬长避短

每个人都有自己的弱项，也有自己的强项，没有必要自卑，而应该努力去扬长避短，从而赢得别人的尊重，更赢得自尊、自爱。

活动体验

活动一 认识自我，初拾自信

听老师介绍制作个人名片的方法与步骤。

1. 个人名片制作。

（1）画出自己的画像。

（2）不要写名字。

（3）用三个词来概括自己的性格特征。

（4）列出自己最喜欢的三件事。

（5）列出自己最成功的三件事。

（6）写下自己向往的职业及人生目标。

（7）写下自己最希望给别人留下什么样的印象。

（8）还可以写下自己希望别人知道的其他内容，一切都要真实。

2. 个人名片收集。

等大家都完成自己的个人名片后，全部交给老师。

3. 猜猜他是谁。

第一步：从班级同学的个人名片中选取2—4张，让全班学生猜猜都是哪些同学的名片。

第二步：分组，每人抽取一张个人名片。根据个人名片的内容，猜测自己拿到的个人名片是谁的。

第三步：找到个人名片的主人，和他交流，尽可能地去了解他；如果猜得不对，重新再猜。

交流分享

1. 介绍一下自己是如何猜出个人名片的主人的、个人名片上的人是怎样的、和他交流了哪些内容等。

2. 分享活动的感受，并与大家交流自己的收获。

认识自己的方法

俗话说，“人贵有自知之明”。正确认识自己，客观评价自己，对待人接物和处理问题，以及事业的发展和生活的美满，都有极大的好处。一个人若不能正确评价自己，就会产生心理障碍，表现出对自我的不满和排斥，或者盲目高傲自大。因此，我们应尽可能地了解自己、认识自己，这样才能更好地把握自我、发展自我。如何了解自己、认识自己呢？现阐述如下方法供参考。

第一，从现实和往事的状况中认识自己。现实中，自己最近在学业生活、家庭生活等方面的基本情况如何，从多个角度进行分析，要尽可能准确。同时可回忆过往经历，分析自己以前学习、与同学之间相处的情况如何，要尽可能客观。

第二，从别人的评价中认识自己。选择对自己而言有代表性的人来评价自己，如最好的朋友等，一般来说，他们能提供更完善的认识。

第三，从学习和工作中认识自己。自己对学习怎么看，是否感兴趣，对专业课学习是什么态度，效果如何？自己的工作的各种情况如何，比如，是否喜欢工作，工作成绩如何？

第四，从事业和生活中认识自己。自己的事业心怎么样，想要从事什么职业，对自己想要从事的职业是能够心甘情愿为之奋斗，还是勉强应付？自己的个人生活怎么样，是否幸福，原因何在？

第五，从自己的强项和弱项中认识自己。在学习或爱好中，自己的强项是什么，最擅长的是什么，获得的成就如何？自己的弱项是什么，形成原因是什么？

第六，从以往的成功和挫折中认识自己。成功和挫折最能反映自己性格或能力上的特点，因此，可以通过成功的经验或失败的教训来发现自己的特点，在自我反思和自我检查中重新认识自己，明白自己的长处和短处。

第七，从感兴趣和厌恶的事情中认识自己。自己对什么事情感兴趣，对哪一种最感兴趣？这种兴趣发展到了什么程度，是否积极、正当？这种兴趣是否发展成了爱好？在这些方面做一个具体的分析。此外，自己厌恶的事物是什么，厌恶的原因是什么？也可做一个分析。

第八，从生理和心理上认识自己。生理主要是指身体是否健康。心理包括的内容更多，如：心理是否健康，心理品质如何？意志、毅力、情绪的基本情况如何？等等。分析自己的生理和心理特点，是为了客观评价自己，更全面、准确地认识自己。

活动二 欣赏自我，快乐自信

1. 想一想，找一找。

请大家结合自身实际，根据下列调查内容，思考对自己的哪些方面比较满意并有信心。在对应的项目前画“√”，还可以在空格处补充其他内容。

（ ）接受能力强，上课积极发言。

（ ）担任学生干部，组织能力强。

（ ）基础扎实，理论学习成绩比较好。

（ ）动手能力强，实训成绩比较好。

（ ）善交往，朋友多。

（ ）有同情心，乐于助人。

（ ）文艺方面有特长。

（ ）在运动会中取得好成绩。

（ ）在学科竞赛中取得好名次。

（ ）兴趣广泛，积极参加课外活动。

（ ）有毅力，能吃苦。

（ ）办事严谨，很少出错。

（ ）家庭民主和谐，与父母能平等沟通。

（ ）师生关系良好，与老师能自由交流。

（ ）其他：________________。

2. 秀一秀，赏一赏。

请全班同学根据以上调查内容，向大家介绍自己在哪些方面有优势，并向大家展示曾获得的奖状或奖励，或引以为傲的故事，也可以讲一段特殊的经历，最后将自己或他人所讲的内容记录下来。

启示

增强自信心的好办法

1. 在回忆过去成功的经验中体验自信。
2. 更努力做事，力争把事情做好，从中受到更多的鼓舞。
3. 对于学习与生活中遇到的问题、困难乃至失败，要看得淡一点，从容应对，把注意力集中到完成当前的任务上，不断增强实力。

活动三 他人的欣赏，自信的光芒

1. 了解活动要求与步骤。

第一步：我们是一家人。

邀请一位同学担任主持人；其他同学围成圈，手拉手站立；主持人告诉大家“全班同学就是一家人”。

第二步：请你来补充。

请每位同学（例如小波）介绍自己的优点与长处。之后，主持人邀请其他同学在小波介绍完毕之后，帮助小波继续寻找他所具有的优势，或者近期取得的进步。

第三步：鼓舞的力量。

在一位同学的发言结束后，其他同学对发言者给予掌声鼓励，同时用积极的词汇肯定他的努力与进步。

第四步：发现新的自我。

分发卡片。每个人根据其他同学对自己的肯定与褒奖，完成卡片“发现新的自我”；并在集体中交流感受。

2. 诗歌朗诵。

主持人领读，其他同学齐声朗读诗歌《扬起自信的风帆》。

扬起自信的风帆

自信是惊雷，是飞雪，是骤风，

横扫一切拖沓、迟滞、犹豫与懒惰。

自信是战鼓，是号角，是旌旗，

催人勇往直前，大胆挺进，日日精进。

自信是阳光，是雨露，是琼浆，

助人思维敏捷，精神抖擞，挥洒自如。

自信使潜能释放，使困难后退，使目标逼近；

自信的人生不一般，不一般的人生有自信。

从经验中获得自信

成功的生活经验，能让自己更加相信自己；他人的赞扬与肯定，帮助我们发现不一样的自己。让我们张开自信的翅膀，找到前行的动力。遭遇困难时，永不退缩；体验成功时，保持清醒；在实践中努力，自强自立，做更好的自己！

课堂练习

1. 请依据你的判断回答下列问题，将答案填写在横线上。

   一个演讲者坦然面对观众，才可能________________________；

   一个运动员不畏对手，才可能________________________；

   一个科学家不怕失败，才可能________________________；

   一个战士勇敢上战场，才可能________________________。

   这说明________________________。

2. 有位同学身材有些矮小，但她热心、活泼。同学们并不在意这些，反而觉得这增加了她的亲和力，让人更加喜欢她。有的同学甚至将这一点写进作文里："圆圆的脸、小小的个子、笑眯眯的眼睛，让人觉得随和可信。"你从中感悟到了什么？

课后尝试

1. 填写自我体验表。

日期	尝试做什么事	怎么鼓励自己	怎样做的	结果（个人收获）

2. 写一首名为《欣赏自己》的诗歌。

也许你想成为太阳，可你却只是__________；

也许你想成为大树，可你却只是__________；

也许你想成为大河，可你却只是__________；

……

做不了太阳，就做星辰，在自己的星座__________；

做不了大树，就做小草，以自己的绿色__________；

做不了伟大，就做实在的自我，平凡而不自卑，关键是必须做最好的自己。

不必总是欣赏别人，也欣赏一下自己吧！

沟通是一门生活技巧，更是一门工作技巧，是我们通往人生成功之路的通行证。

世界就如同一张网，生活在这个世界里的每一个人，永远离不开与他人的联系。身处信息时代，更需要我们用良好的沟通方式去了解对方和表达自己。社会群体是由个人组成的，沟通是人与人之间思想和信息的传递。工作中，有效沟通可以高效地解决问题，可以与他人进行愉快的合作，可以激发工作热情，可以控制和化解冲突；在生活中，有效沟通可以使人心情愉悦、相互了解、相互爱护，对生活充满热情。

02 学会有效沟通

第一节
生活处处是沟通

> 与人交谈一次，往往比多年闭门劳作更能启发心智。思想必定是在与人交往中产生，而在孤独中进行加工和表达的。
>
> ——列夫·托尔斯泰

学习目标

了解有效沟通的重要性及如何实现有效沟通。

学习要点

1. 体会沟通在日常生活中的重要性。
2. 体会什么样的沟通才是有效沟通。
3. 掌握沟通的基本礼仪。

故事阅读

他为什么不能“飞”过水面

一个学生毕业后进入一家研究所工作。有一天，他到单位后面的池塘边散步，看到一个同事也在池塘边散步。两人互相点了点头，但没有说话。不一会儿，他就看到该同事伸伸懒腰，似乎是在池塘的水面上行走，且从池塘的一边走到了另一边。他瞪大了眼睛，这可是一个池塘啊！不一会儿，同事又如刚才一般，从水面上走了回来。怎么回事？但他又不想去问，只是靠自己猜测为什么同事能这样做。

他越想越好奇，却仍不愿意进一步询问同事。他在心里想着：别人都能过去，我也可以找到过去的秘诀。于是，他在池塘边尝试着迈出腿，去寻找水面上可以立足的地方，不承想第一步就踩空了，鞋袜全湿了。同事看到，赶紧过来帮忙，并主动告知他：这池塘中有两排木桩，今天下雨，涨水有些看不清了。他们在这儿时间久了，比较了解，待水退了可以指给他看。

思 考

1. 在这则有些诙谐的故事中，为什么这个学生会掉下水？

2. 请指出这个学生在沟通上的失误。

3. 如果是你，你会如何做？

你知道吗

沟通的 6C 原则

1. 清晰（Clear）。指表达的信息结构完整、顺序得当，能够被他人所理解。
2. 简明（Concise）。指表达同样多的信息时，尽可能占用较少的信息载体容量。
3. 准确（Correct）。首先是信息发出者头脑中的信息要准确，其次是信息的表达方式要准确，特别是不能出现歧义。
4. 完整（Complete）。完整表达信息，不要出现“盲人摸象”的情况。
5. 有建设性（Constructive）。沟通中不仅要考虑所表达的信息清晰、简明、准确、完整，还要考虑他人的态度和接受程度，力求通过沟通使他人的态度有所改变。
6. 礼貌（Courteous）。礼貌、得体的语言、姿态和表情能够在沟通中给予他人良好的第一印象甚至可能产生移情作用，有利于沟通目标的实现。

场景分析

有效沟通须真诚

小王就读于某职业技术学院空中乘务专业，毕业后，进入了一家知名的航空公司从事空乘工作。有一次，在飞机起飞前，一位乘客请求小王给他倒一杯水吃药。小王很有礼貌地说：“先生，为了您的安全，请稍等片刻，等飞机进入平稳飞行状态后，我会立刻把水给您送过来，好吗？”

45分钟后，飞机已进入了平稳飞行状态。突然，服务铃急促地响了起来，小王猛然意识到：糟了，她忘记给那位乘客倒水了！当小王来到客舱，看见按响服务铃的果然是刚才那位乘客，他已经很生气了。她小心翼翼地把水送到那位乘客跟前，十分诚恳地说:“先生，实在对不起，由于我的疏忽，耽误了您吃药的时间，我感到非常抱歉。”这位乘客抬起左手，指着手表说道:“怎么回事，有你这样服务的吗?”小王手里端着水，再次向这位乘客表达了歉意。

接下来的飞行途中，为了弥补自己的过失，每次去客舱给乘客服务时，小王都会主动走到这位乘客面前，面带微笑地询问他是否需要水，或者是否需要其他帮助。

飞机到达目的地前，这位乘客要求留言。事后，小王惊奇地发现，这位乘客在留言本上写下的并不是投诉，相反，是对她的表扬。

是什么使得这位乘客最终对小王提出了表扬呢?在留言本上，小王读到这样一句话:“一时的疏忽并不可怕。在整个过程中，您表现出的真诚的歉意和后续真诚的服务，深深打动了我，使我最终决定将投诉写成表扬!您的服务质量很高，让我对贵公司的航班更加信任了。”

分析与练习

1. 是什么使得乘客对小王的态度发生了改变?

2. 请你写出几句沟通交流中常用的礼貌用语。

·小贴士·

沟通的要点

1. 说话要简练，直指问题的核心。
2. 组织好语言再表达，避免造成误会或词不达意。
3. 用轻松些的话题作为开场白，减轻双方的心理压力。
4. 如果不知道说些什么，请先认真倾听。
5. 少用复杂的句式和过于华丽的辞藻，这容易让对方认为你的语言华而不实。

活动体验

活动一 驿站传书

活动共三轮，全班分组进行，每一组8人，坐成一列。

活动开始后，不准发出任何声音。老师将某一信息交到每组最后一位同学的手中，然后请这一组同学在规定时间内将这一信息由最后一位同学传递到第一位同学这里，第一位同学将得到的信息写到黑板上，看哪一组既快又准确。

交流分享

1. 在活动中，你有什么感受？有什么收获？

2. 如果再来一次，你会弥补之前活动中的哪些不足？

3. 你还能想出什么加快信息传递速度和正确率的办法吗？

沟通技巧

1. 提高个人素养。
2. 沟通前做好准备。
3. 沟通中灵活应对。
4. 沟通后适时维护。
5. 尊重是沟通的前提。
6. 互相理解是沟通的途径。
7. 真诚的态度是良好沟通的保障。
8. 保持宽容的心态是沟通最好的方法。

活动二 我们都是好演员

活动步骤：

（1）4个人为一个小组，全班分成若干组。

（2）有4个情景资料，分别为：家庭生活、同伴相处、职场工作、师生关系，每组选择其中一个。

（3）每组根据拿到的情景提示进行角色分配，交流沟通，完成情景中的任务。

交流分享

1. 这个活动带给你最大的感想是什么?

2. 这个活动给你日常的生活与学习带来了什么启示?

说话三要

1. 赞美与鼓励的话要常说。
2. 感激与幽默的话要常说。
3. 与尊重人格有关的话要常说。

说话三不要

1. 没有准备的话不要说。
2. 没有根据的话不要说。
3. 情绪不佳的时候不要说。

课堂练习

请在下面的方框里填写一张出门留言条，要求字数不超过50字，内容表达准确。

课后尝试

请你与班上同学一起进行握手礼练习。重点把握双方握手时的力度和站立时的距离。一般要求握手双方站在相距 1 米的地方，立正，上身略微前倾，伸出右手，四指并拢，拇指张开与对方相握。

体会一下，你认为握手几秒钟后放手合适？不同的力度会有什么不同的感受？双方站立的距离更远些或更近点有什么区别？

第二节

这样沟通最有效

> 学会倾听是人生的必修课；学会倾听才能去伪存真；学会倾听才能给人留下虚怀若谷的印象；学会倾听可将有益的知识填满智慧的储藏室。
>
> ——佚名

学习目标

掌握有效沟通的方法。

学习要点

1. 在沟通中学会倾听。
2. 掌握倾听的技巧。
3. 学会如何有效反馈。

故事阅读

“完美的”员工

某公司曾碰到过一位脾气比较暴躁的客户，总是在共同商讨问题时与他人争吵起来。

该公司为了解决这一问题，派了一位最善于倾听的员工去见这位客户。这位员工静静地听着这位客户的“意见”，让他先充分地将自己的想法表达出来，并合理地接受他所表达的内容。

通过耐心的倾听，这位员工详细地了解到了客户的诉求，同时也未引发客户的不满，最终还与客户达成了良好的合作。

思考

1. 该公司为什么要派一位最善于倾听的员工去见这位客户？

2. 这位员工用什么办法让客户接受了他？

3. 如果你是这位员工，你觉得还有其他处理问题的办法吗？

你知道吗

沟通中的重要礼仪

1. 与人保持适当的距离。
2. 恰当地称呼他人。
3. 及时肯定对方。
4. 态度和气，语言得体。
5. 注意语速、语调和音量。

场景分析

阿东的裤子

阿东明天就要参加学校的毕业典礼了，为了这一人生中重要的时刻，他高高兴兴地上街买了条裤子，但裤子长了两寸。回到家，阿东想请家里人帮自己改一下裤子，但只是在吃晚饭时说起自己的裤子有些长了。饭后，大家忙着收拾，裤子的问题就被遗忘了。

妈妈睡得比较晚，临睡前才想起儿子明天要穿的裤子还长两寸，于是就悄悄地一个人把裤子改好，并叠好放回原处。

半夜里，狂风大作，窗户“哐”的一声关上，把爸爸惊醒了，爸爸猛然记起裤子的事情，于是赶紧起床将裤子处理好才安然入睡。

奶奶第二天一大早醒来，突然也想起了孙子的裤子的问题，马上动手将裤子改短了一些。

最后，阿东只好穿着短了四寸的裤子去参加毕业典礼了。

分析与练习

1. 阿东的家人都很关心他，但结果却是阿东的裤子短了四寸，这是为什么呢？如果你是阿东或他的家人，应该怎样来处理这件事呢？

2. 在晚餐时，针对你在学校中遇到的一个问题，尝试和家人做一次有互动的沟通。

·小贴士·

如何给予沟通反馈

1. 反馈要针对对方的需求。
2. 反馈要具体、明确。
3. 反馈要有建设性。
4. 反馈应对事不对人。

活动体验

活动一 撕纸游戏

活动步骤：

（1）老师给每位同学发一张纸。

（2）老师发出单项指令：

大家闭上眼睛。全程不能问问题，把纸对折、再对折、再对折，把右上角撕下来，转180度，再把左上角也撕下来，睁开眼睛，把纸打开。

（3）这时，老师可以请一位同学上来，重复上述的指令，唯一不同的是，这次其他同学可以提问题。

交流分享

1. 为什么同是撕纸，会有这么多不同的结果?

2. 当可以提问时，撕纸的结果和上一次有什么不同?

换位思考的沟通法则

1. 与人沟通或交往时，如果能换位思考，站到对方的立场上想问题，就很容易和对方达成共识。
2. 如果双方的感受能使彼此感同身受的话，沟通就是成功的。
3. 当一件事不能用语言完全表达出来的话，那就让事实说话吧。

活动二　我说的是什么

活动步骤：

（1）请一位同学上前，从老师手中抽取一张图片。

（2）用30秒时间思考，然后转过身来，描述看到的图片。

（3）描述时，台下的同学只允许听，不能提问。

（4）让台下的同学在听后尝试说出图片上的内容。

（5）换一张图片再次重复以上过程，描述这一张图片时，台下的同学可以提问。

（6）两次活动后，统计自认为对的人数和实际对的人数。

交流分享

1. 你认为抽取图片的同学表达清楚了吗?

2. 提出问题对你答对图片上的内容有帮助吗?

启示

沟通是双向交流的过程

1. 单向沟通中的描述往往易让人产生误解和迷茫。
2. 双向沟通可以让双方更准确地理解彼此所表达的内容。
3. 在生活和学习中，我们一定要积极地运用双向沟通，既表达自己的意愿，又接受对方的意见，让事情通过沟通圆满解决。

课堂练习

由老师给一位同学布置一个任务，这位同学将任务传达给其他同学。同学们完成任务后，请将自己的任务完成情况填入下面的方框内。

课后尝试

老师将一段录音发送给所有同学，请大家回家听录音后，根据听到的内容回答下列问题。

1. 事情发生在什么时候?

2. 录音中提到几件事情？分别是哪几件?

03 学会学习

活到老，学到老。学习既是生存与发展的需要，也是生命存在的方式。在当今这个社会飞速发展的时代，最重要的不是掌握的知识，也不是拥有的技能，而是个体具备的学习能力，这才是不被时代淘汰的要诀。

学习，不但指正规的学校教育、课内课外的学习过程，还指与上学无关的知识技能习得和信息接受的过程。作为一种获取知识、交流情感的方式，学习已经成为人们日常生活中不可缺少的部分。也许有人认为：我不爱学习，只爱玩游戏。但实际上，游戏要想玩得好，也需要学习，学得好还可以将其当作一种职业。人生无处不学习，只有努力学习，才能不辜负人生。只要找到学习的“金钥匙”，自可开启未来之门。

第一节 走进学习

> 人们在一生中的每一个阶段，都可以接触和学习许多形式的智力、体力方面的知识技能，它们的大门是敞开着的。
>
> ——保罗·朗格朗

学习目标

了解学习的类型及意义。

学习要点

1. 了解日常生活和工作中的学习类型。
2. 明确学习的价值。

故事阅读

包起帆：从码头工人到“抓斗大王”

“抓斗大王”包起帆，想必许多人都听说过。有人说：“他是我们的榜样，码头工人出身，做发明厉害得很。”

包起帆说：“我不是一个天生的发明家，回顾我这些年来所走过的路，是从自己的本职工作出发，从小改小革起步，随着企业发展而逐步成长起来的。说句心里话，真正使我动心、动情的不是发明金奖，而是要把工友们从危险的工作环境中解脱出来，希望发明成果能够为企业增效，为职工造福，为祖国争光。”

20世纪70年代，包起帆是一名普通的机修工，看到起重机的钢丝绳磨损严重，便琢磨着要“改一改”。在牺牲了一次又一次工余休息时间后，他终于发现了钢丝绳损坏的原因，并据此发明了一种“变截面起升卷筒”，使起重机钢丝绳损耗从1个月换3根减少为3个月换1根。

20世纪80年代，包起帆把目光投向抓斗的研制，经过几年努力，他发明了一个抓斗系列，全面实现了装卸机械化，彻底改变了我国港口木材、生铁、废钢等货物装卸工艺的落后状况。其成果在国内20多个行业1000多家企业得到广泛的推广应用，并批量出口到20多个国家和地区，为国家创造了巨大的经济效益。

20世纪90年代，他决心另辟蹊径，改做内贸集装箱。在一片质疑声中，我国第一条内贸标准集装箱航线诞生，带动行业走出了困境。

进入21世纪，包起帆的工作多次调动，但他创新发明的步伐却没有因此而放缓，一系列放眼国际的课题项目的成功，切实提升了上海港的数字化、智能化、自动化水平，极大地增强了企业的核心竞争力。

从工人到工程师，再到企业经理，直至集团副总裁，这么多年来，包起帆的岗位和身份在变，但始终执着于发明创新。这些闪光的成果背后，是他一直以来努力学习、勤奋工作的身影，让他在技术创新之路上不断前行。如今，这位劳模发明家退休不停工，仍然致力于上海国际航运中心的建设研究，致力于培养创新接班人。

对于当选为改革先锋，包起帆表示：“这个荣誉不是表扬我一个人，而是表彰改革开放以来在生产一线认真工作的所有职工。对个人而言，这个荣誉会给我更大的激励，激励我在创新的道路上继续走下去，弘扬劳模精神、传承工匠精神，为国家、为上海多做一些工作。”

思 考

1. 包起帆为什么能从码头工人成长为“抓斗大王”？

2. 包起帆具备了哪些学习品质?

你知道吗

进一步了解学习

第一，学习的类型有多种。

懂专业才能胜任自己的工作，重修养才能处理好人际关系，获得人生智慧。因此，职场学习的内容，不仅包括专业知识、专业技能，也包括自身品行、道德素养等多方面。以学习内容为维度，学习可分为五种类型：知识学习、技能学习、心智学习、道德品质学习、行为习惯学习。

第二，学习力是最关键的学习品质。

学习力包括学习动力、学习毅力、学习能力三个主要元素，其中，学习动力是指自觉的内在驱动力；学习毅力是指克服困难、努力实现学习目标的坚持性；学习能力是指接受新知识、新信息，并用其来认识问题、分析问题、解决问题的能力。

场景分析

发现学习的意义

小陈来到了某职业院校学习，心想：也许没有那么繁重的学习任务了，而且毕业后似乎就不用再继续学习了。开学后，班主任邀请了已经毕业的学长分享自己的成长经历。学长目前在某家中型汽车配件公司担任项目主管。学长在校期间学习很认真，积极参加各种活动，因此毕业时找工作很顺利。毕业之后除了认真做好本职工作，他也在一直坚持学习，周末及工作日晚上或在发展兴趣爱好，如打羽毛球，或在进行专业学习，如学习AI相关知识。学长还进一步透露：自己计划在三年内拿到材料成型及控制工程专业本科文凭和技师职业资格证书。

听过学长的分享后，小陈很受鼓舞：原来，走上工作岗位，已经有了很好的成绩，还是要继续努力，不断提升自己。小陈决定向学长学习，活出自己的精彩人生。但是，此时学习基础较薄弱的他，该如何才能提升自己的学习力呢？

分析与练习

1. 是什么使小陈的学长不断取得成绩？

2. 你认为小陈如何才能提升学习力？

·小贴士·

学习的意义和价值

第一，遇见更美好的自己。

学习，其实是一个人内心的渴望，是一种对自身潜力的认识、挖掘、拓展的过程。学习是全方位地提升自己的智慧，包括使自己学识修养丰富、心灵充盈，同时可使自己感受幸福、提升人生境界。不断学习是为了遇见更美好的自己。

第二，发现更广阔的世界。

在学习中可获取知识技能，感受快乐幸福，培养对万千世界的好奇；并将理论学习与实践运用相结合，提升自身的综合素养，打开真理的大门，感悟历史的变迁，探索人文的魅力，体会科技的创新，让更广阔的世界展现在眼前，让自己有能力选择想要的生活。

第三，适应时代发展需要。

科学技术迅猛发展，信息和知识爆炸式增长，社会竞争日趋激烈。如果想永不落伍，只有不断地学习新的知识与技术，才能跟上时代的步伐，满足社会发展的需要。每个人都需要接受教育，勤于学习，更新知识，提升能力。终身学习已成为全社会的共识。

活动体验

活动一 探究和发现自己

（1）按照参与同学的人数，每4—6人分为一组，按人数准备活动所需要的纸和笔。

（2）老师指导每位同学对自己进行SWOT（优势、劣势、机遇、威胁）分析，并将结果记录在纸上，各小组选派1—2位同学做班级分享。

（3）每位同学回忆自己从小到大的学习过程。

① 回忆从小到大，学习上最痛苦的一段经历，记录完成后，小组的同学相互握手鼓劲。

② 回忆从小到大，最让自己感受到快乐的学习情景。记录完后组内分享，并请小组的同学相互击掌鼓励。

③ 回忆当必须要去学习时，自己身体的第一反应和心理的第一反应是什么。记录完后组内分享，并请小组的同学相互拍肩鼓劲。

④ 探讨面对学习，目前最大的阻碍是什么。记录完后组内分享，并请小组的同学相互握手鼓劲。

⑤ 探讨现在对学习是否持有信心，背后的原因是什么。记录完后组内分享，并请小组的同学一起鼓掌，为彼此加油。

⑥ 请所有同学手拉手，感受来自团队的鼓励和支持。

（4）请同学将纸撕碎，这代表着所有的困难和畏惧已经理清，它们将在我们的努力下逐渐被消除；所有的力量和勇气已经积攒在我们心中，它们将一直陪伴我们。

交流分享

1. 在活动中你有什么感受？有什么收获？

2. 在这个活动中，是什么让你受到了鼓舞？

3. 在日常生活中，我们还可以通过哪些途径获得促进学习的力量？

如何提升自己的学习力

建议从学习体验一门比较容易的技能或手艺入手；借助多种资源，如跟别人学、与别人合作完成、利用网络进行学习等。体会学习过程中的酸甜苦辣，记录成长的历程，特别是克服困难、坚持学习的心得体会。学如逆水行舟，不进则退。只有保持清醒的头脑，拒绝“躺平”，时刻不忘学习，才能在日趋激烈的竞争中，找到自己的立足之地。

活动二 唇枪舌剑话“苦”“乐”

辩题：学习中苦多于乐，还是乐多于苦。

正方观点：学习是乐多于苦。

反方观点：学习是苦多于乐。

通过辩论，认识到学习中苦和乐的表现，感悟学习是一个苦乐交织的过程，同时也体会辩论带来的乐趣。针对现实状况提出问题：能否因为学习中的苦而放弃学习？为什么要学习？应该如何坚持学习？在对上述问题的思考、讨论和交流中，使分析问题和辩证思考的能力得到培养与锻炼；知道对待学习要有明确的目标、端正的态度、坚强的意志、正确的动机，要正确认识学习的意义，学会坚持学习。

小组讨论交流，学习最终将会带给我们什么？请大家以小组为单位，将讨论结果画成海报（注意：画的时候考虑各项成果的关系和海报的整洁与美观），并给海报取一个名字。

活动结束后欣赏海报，将海报在班级内进行展示，欣赏其他小组的海报。

交流分享

1. 通过辩论，你有哪些收获？

2. 你认为有哪些途径可提高学习力？

提高学习力的主要途径

1. 通过树立目标、培养兴趣、重视反馈等途径激发学习动力。
2. 通过调整认知、及时求助、克服困难等途径培养学习毅力。
3. 通过任务引领、合作学习、探究研讨、创新实践、问题解决等途径提高学习能力。

课堂练习

根据平时的学习状况，判断自己进行了哪些方面的学习；判断自己的学习力目前处于什么水平，并分析原因，寻找对策进行改进。

课后尝试

请调查班级同学的学习类型、学习力水平的状态，将调查结果填写在下表里。

<table>
<tr><th colspan="3">内 容</th><th>人 数</th><th>比 例</th></tr>
<tr><td rowspan="5">学习类型</td><td colspan="2">知识学习</td><td></td><td></td></tr>
<tr><td colspan="2">技能学习</td><td></td><td></td></tr>
<tr><td colspan="2">心智学习</td><td></td><td></td></tr>
<tr><td colspan="2">道德品质学习</td><td></td><td></td></tr>
<tr><td colspan="2">行为习惯学习</td><td></td><td></td></tr>
<tr><td rowspan="3">学习力</td><td rowspan="3">学习动力</td><td>较差</td><td></td><td></td></tr>
<tr><td>一般</td><td></td><td></td></tr>
<tr><td>较强</td><td></td><td></td></tr>
</table>

续 表

内 容			人 数	比 例
学习力	学习毅力	较差		
		一般		
		较强		
	学习能力	较差		
		一般		
		较强		

第二节 学会有效学习

> 读书是学习，使用也是学习，而且是更重要的学习。
>
> ——毛泽东

学习目标

通过对学习偏好的了解，掌握有效学习的方法。

学习要点

1. 能够进行做学合一的尝试。
2. 能够有效管理学习的时间。

故事阅读

一个高级技师的故事

宁允展是中车青岛四方机车车辆股份有限公司的钳工高级技师，是国内最早从事高速动车组转向架“定位臂”精细研磨的工人之一。凭着追求极致和完美的精神，宁允展在细如发丝的空间内练就绝活，所制造的产品十多年来无次品，也因此被称为“高铁首席研磨师”。

2006年，宁允展成为第一位学习380A型列车转向架“定位臂”精细研磨技术的工人。转向架是高速动车组的关键技术之一，定位臂则是转向架的核心部位。高速动车组在高速运行的状态下，定位臂不足10平方厘米的接触面要承受近30吨的冲击力。为保证列车安全运行，定位臂和轮对节点必须有75%以上的接触面间隙小于0.05毫米，这比头发丝还要细。宁允展就是在这细如发丝的空间里施展着自己的绝技。磨小了，转向架落不下去；磨大了，价值十几万元的主板就报废了。同事说："0.1毫米的时候，国内大概有十几个人能干。到了0.05毫米，别人都干不了，目前就只有宁允展能干。"高速动车组进入批量生产后，转向架研磨效率跟不上生产进度，他大胆摒弃外方研磨工艺，采用更加精准科学的方法，将研磨效率提升了1倍，研磨精度也有极大提高。

宁允展自学焊工、电工，将几个工种融会贯通，自主创新发明"精加工表面缺陷焊修方法""折断丝攻、螺栓的堆焊取出"等30多项技术。他研发的多项成果获得国家专利，每年可为公司节约创效数百万元。为专心从事技术研究，他辞去了管理职务，甚至将家中30多平方米的小院改造成了一个"小工厂"，自费购置车床和零部件，利用工余时间研发设计出10余套工艺装备，成为企业万众创新、节约创效的工匠典范。在不断攻克技术难题、提升专业素质的同时，宁允展将经验技术传授给年轻人，每年培养数百名优质人才，为行业发展注入原动力。

宁允展在面对难题时，不轻言放弃，不抱怨问题，而是积极想办法解决，并通过自学多项技能，将知识融会贯通，思考解决难题的金点子。善于问为什么、善于反思总结、善于学习等特点，最终成就了他。

思考

1. 宁允展的学习体现了什么特点?

2. 你自己尝试或者了解过哪些做学合一的经历？

你知道吗

任务引领，做学合一

在学习中，要学会在做中学，在学中做。可以以独立的任务为单元展开学习，学到哪里出现了问题就去解决，一直到逐步解决所有问题为止，而不是单纯由易到难、从头到尾地把某种知识技能了解一遍。

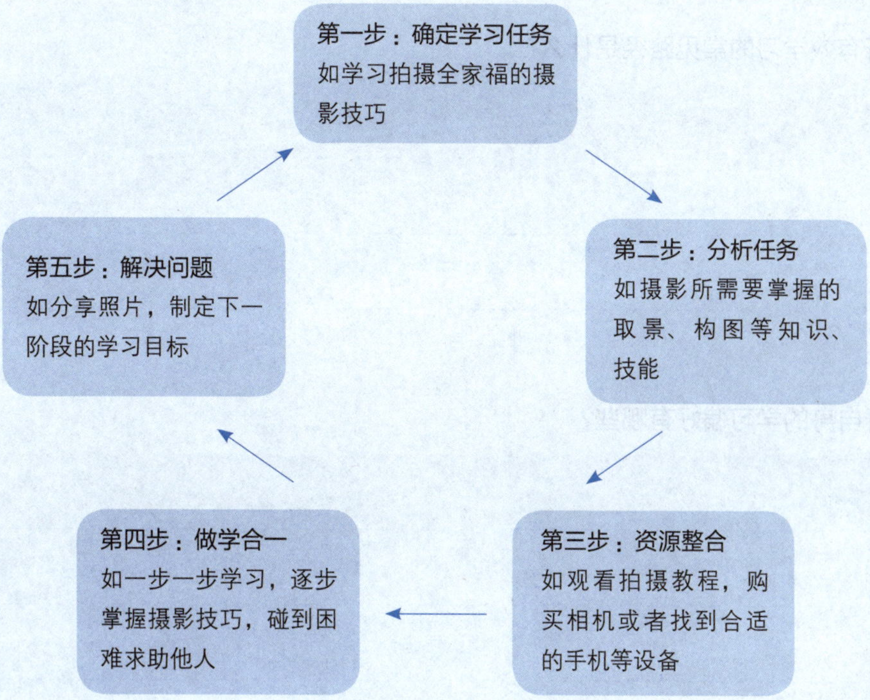

第一步：确定学习任务
如学习拍摄全家福的摄影技巧

第二步：分析任务
如摄影所需要掌握的取景、构图等知识、技能

第三步：资源整合
如观看拍摄教程，购买相机或者找到合适的手机等设备

第四步：做学合一
如一步一步学习，逐步掌握摄影技巧，碰到困难求助他人

第五步：解决问题
如分享照片，制定下一阶段的学习目标

场景分析

何为有效学习

最近，小陈听说同在学生会的师姐参加了“三校生”高考，并成功考上了某大学的应用型本科专业。而另外几位师兄师姐凭借参加全国职业院校技能大赛获奖的经历，也在申请继续深造。小陈很希望向师兄师姐学习，可是自己的学业成绩还不那么优秀，也没有相关获奖经历。

当下，人们的生活节奏越来越快，知识与技术的更新迭代越来越快，特别是走上工作岗位后，我们会发现时间越来越不够用。基于此，很多人提出了学习方式的革命，移动学习和碎片化学习应运而生，而且越来越普及。小陈很疑惑：怎样才能找到适合自己的学习方式，提高学习效率？目前有哪些便捷有效的工具？怎样让自己的学习更有效？

分析与练习

1. 进行有效学习的常见路径是什么？

2. 分析自身的学习偏好有哪些？

·小贴士·

不同的学习偏好

1. 视觉偏好：善于通过接受视觉刺激而学习。喜欢通过图片、图表、视频等视觉刺激接受信息、表达信息。
2. 听觉偏好：善于通过接受听觉刺激进行学习。喜欢通过讲授、讨论、听录音等口头语言的方式接受信息。
3. 动觉偏好：善于通过双手和整个身体运动进行学习，如通过做笔记、亲自动手操作等来学习。
4. 需注意学习偏好没有好坏之分。根据个人的学习偏好类型，以任务为导向，做学合一，采取相应的学习方式，则有助于提高学习效率和效果。

活动体验

活动一　神奇的馅饼

第一步：把一天24小时作为时间馅饼，按照自己的时间分配情况来分割馅饼，看看能够分割成哪些馅饼。然后观察自己的时间馅饼，思考哪些时间是自己可以控制的，哪些时间是自己不能控制的，将不可控制的馅饼涂上颜色。

第二步：与小组成员交换时间馅饼，看看别人制作的时间馅饼与自己的有什么不同。

第三步：针对不可控制的部分进行思考，看看自己能否将其减少。小组成员一起制作小组“理想馅饼”，然后小组长代表小组在集体中展示自己小组的时间馅饼。

交流分享

1. 你一天的时间够用吗？

2. 哪些事情花费了较多的时间，哪些事情被忽略了？

3. 是否需要重新调整你的时间馅饼，调整的原因是什么？

4. 在完成这个活动的过程中，你们小组最大的收获是什么？

时间管理的方法

现代管理学之父杜拉克认为，有效的管理者不是从他们的任务开始，而是从他们的时间开始。杜拉克认为时间管理可以采用以下三个方法。

第一，记录时间：分析时间浪费在什么地方。

第二，管理时间：减少用于非生产性需求的时间。

第三，集中时间：在整段时间内的工作效率大于在分散时间内的工作效率之和，因此应尽量利用整段时间进行工作。

活动二 观点“奇葩”说

辩题：移动学习利大于弊，还是弊大于利。

正方观点：移动学习是利大于弊。

反方观点：移动学习是弊大于利。

首先按照个人意愿分成正方及反方，两方结合目前移动学习面临的机遇与挑战，分析基于移动终端开发的各类移动学习平台带来的传统学习方式的变革，并各自陈述其利弊。

交流分享

1. 为什么会产生正反两方不同的观点？

2. 面对移动学习，如何才能提高学习效率？

学习的另一种方法

“以教促学，好为人师”不失为最有效的学习技巧之一。把你学到的知识或者技能用自己的话向另一个人讲述，或者用通俗的语言教会别人某一项技能，这个过程可以充分调动大脑，使学习变得主动而有目的，让散落的、混沌的信息得到有逻辑的组织，及时发现漏洞并进行填补；而打比方、举例子、形象化的方法又迫使你思考知识的本质，加强一个知识和另一个知识之间的联系，加强知识和实际之间的联系。如果生活中不容易找到听众，可以用手机的录制功能，录制讲解视频之后放给自己看。此外，网络上也有很多兴趣小组可以加入讨论。

课堂练习

和同学交流：在以往的学习中，你认为自己行之有效的学习方式是什么？

课后尝试

尝试做一次“老师”。选择一项你最擅长的技能，让身边的同学做你的“学生”，向他们讲解并演示，教会他们掌握该项技能，并准备解答“教学”过程中他们的各种疑问。记录自己在“教学”时的心得体会。

如果没有海浪，大海便不能被称为大海；如果没有成功与失败，就不是完美的人生。再好的路也有不平坦的时候，再顺利的人生也有不如意的瞬间。我们在人生的旅途中，每一件如意或不如意的事情，都是我们人生宝贵的经历，是我们生命过程中的一朵浪花。

面对如意的事情，我们要戒骄戒躁，再接再厉，让自己更好地前行；面对不如意的事情，我们要平心静气，取长补短，让自己不断地完善，永远向前。

人，不能决定生命的长度，但学会自我管理后，我们可以扩展它的宽度；人，不能改变天生的容颜，但学会自我管理后，我们可以时时展现笑容；人，不能全然预知明天，但学会自我管理后，我们可以充分利用今天。管理自我，远离冲动，把握人生！

04 提升自我管理能力

第一节 控制自我，远离冲动

人最重要的价值在于克制自己本能的冲动。

——塞缪尔·约翰逊

学习目标

1. 了解自我控制能力的概念和内容。
2. 初步了解自我控制能力的基本内涵。

学习要点

1. 了解自我控制能力与人的成就之间的关系。
2. 不断强化自我控制能力。

故事阅读

胯下之辱

韩信，西汉开国功臣，中国历史上杰出的军事家。

他年少时父母双亡，家境贫寒，却刻苦读书，熟演兵法，胸怀安邦定国之抱负。苦于生计无着，于不得已时，在熟人家里吃口闲饭，有时也到淮水边上钓鱼换钱，屡屡遭到周围人的歧视和冷遇。

有一天，一群恶少当众羞辱韩信，其中一个人说：“你虽然长得又高又大，喜欢带刀佩剑，但其实你胆子小得很。如果你真有本事，你就用你的佩剑来刺我；如果不敢，你就从我的裤裆下钻过去。”韩信什么也没说，就当着许多人的面，从那个恶少的裤裆下钻了过去。那群恶少都嘲笑他，而他轻蔑地看了他们一眼就大步走开了。当时满街的人都看不起他，以为韩信真的胆子很小。

后来，韩信投靠刘邦，在萧何的推荐下当上了大将军，帮助刘邦统一天下。

思　考

1. 当时的韩信为什么能够忍受胯下之辱？如果韩信不能忍受这样的羞辱，会有怎样的后果？

2. 读了这个故事，你有怎样的感悟？分小组进行讨论与分析。

你知道吗

控制是一门必修课

在我们每个人成长的道路上，总会遇到这样或那样的困难和问题。如何控制自己，做好自我管理，积极面对和解决这些难题，是让我们更好成长的必修课。教育的根本目标之一，就是让每一个学生，都具备良好的控制能力，并在此基础上学会自我教育。

场景分析

跨过失误这道坎，铜牌比金牌更重要

在某次全国职业院校技能大赛中，小龙同学参加了烹饪比赛。因理论考试没有达到90分，他失去了获得金牌的资格。他为此非常懊恼，难过地低下头，沮丧、失望让他泪如雨下。本来，他在老师的指导下经过近两年的勤学苦练，满怀信心要冲击金牌，可现在却陷入深深的绝望之中，痛苦万分，已经没有勇气继续比赛。之后，在老师的疏导和同学的鼓励下，他终于控制住自己消极失望的情绪，走进了实践考试的赛场，并获得了优异的成绩，最后总成绩排名第三，获得了这次大赛的铜牌。

分析与练习

1. 这则故事让你有怎样的感悟？为什么说铜牌比金牌更重要？

2. 你在学习与生活中是否也有类似的经历？你愿意和大家分享吗？

· 小贴士 ·

自我控制解析

1. 自我控制是个人对自身心理与行为的主动掌握。它是人所特有的，以自我意识的发展为基础，以自身为对象的高级心理活动。
2. 自我控制能力是自我意识的重要成分，是个体自觉地选择目标，在没有外界监督的情况下，适当地控制、调节自己的行为，抑制冲动，抵制诱惑，延迟满足，坚持不懈地保证目标实现的一种综合能力，具体表现在认知、情感、行为等多个方面。
3. 良好的自我控制能力，是一个人成熟的表现，是21世纪高素养、技术技能型人才的必备素质。

活动体验

情景剧表演：掌控好每一个瞬间

分小组表演以下情景，讨论可能的解决办法。

（1）两位同学在食堂相撞，后来双方各有两个好朋友参与进来，会有几种可能出现的情况呢？

（2）某班有4个人同住一间宿舍。小A是一个不爱凑热闹的同学，偶尔和舍友有互动，平时与其他同学很少交流和沟通。他喜欢早睡早起，作息时间比较有规律。小B不怎么爱读书，在校大部分时间以玩电脑游戏为主，而且经常玩到深夜才睡。小C喜欢看小说，常常熄灯后还接着看小说到深夜，第二天早上快上课了才起床。小D的性格比较外向，很多同学会来串门找他，他爱看一些畅销书，同样也习惯于晚睡。由于小A和其他几位舍友的作息时间存在很大差异，所以他们心里其实都觉得对方影响到了自己，因为这些事，他们之间一直存在着矛盾，如何解决这些矛盾？

（3）同学甲不小心打翻墨水，弄脏了同桌乙的书，二人发生争吵，进而互相厮打。如何处理这一情形？

（4）小兰是个处事果断、遇事有主意的人，但十分任性，脾气暴躁。她平时对同学说话也是相当不客气，因而很多同学宁可躲着她，也不愿和她发生冲突。对于这一点，小兰是心知肚明的，她自己也很苦恼。前几天，她和一个高个子的男生发生了一点不愉快，本是件小事，但她却将火气撒到了邻桌同学身上。如果你是她的邻桌同学，应该怎么和她沟通？

（5）一天体育课，一群孩子正在操场上打篮球，战况“激烈”。同学丙和同学丁因碰撞而产生冲突，两人拳脚相加，气势汹汹。此时该怎么办？

各小组进行表演后，填写评价表。

分值（20分）	第一组	第二组	第三组	第四组	第五组
扮演角色的效果（1—5分）					
过程完整程度（1—5分）					
团队合作能力（1—5分）					
小组感悟的程度（1—5分）					
总分					
其他意见					

评出最佳小组、最佳个人或其他奖项。

交流分享

1. 你认为哪个小组的表演最好？

2. 你是从哪些方面来看待各类情景中的问题的？

课堂练习

以下各个数字表明了各个陈述在多大程度上符合你的情况：

1 = 非常不赞成；2 = 不赞成；3 = 有点不赞成；4 = 介于赞成和反对之间；5 = 有点赞成；6 = 赞成；7 = 非常赞成。

（1）能处理好不公正的事情，而不至陷入烦恼。

（2）制定计划的时候，相信自己能让它发挥作用。

（3）喜欢碰运气的游戏，而不是纯粹需要技术的游戏。

（4）只要下定决心，就能学会几乎所有的东西。

（5）自己没有和同学发生过争执。

（6）通常不设定目标，因为自己很难最终实现它们。

（7）对于一些娱乐活动，自己能控制，不会让家长操心。

（8）认为人们通常是靠运气才获得成功的。

（9）在所有的考试、比赛中，想知道自己是否比别人做得更好。

（10）能很好地接受批评并从中吸取教训。

交流分享

1. 在小组内分享自己的情况。

2. 你认为自己在哪些方面有待提高?

课后尝试

2006年7月10日，德国世界杯决赛加时赛第22分钟，法国人心目中的英雄、法国队队长齐达内因用头撞击意大利队员马特拉齐，被裁判出示红牌罚下。

第二天，世界各国报纸纷纷对这一事件进行猜测或评价，其反应之激烈甚至盖过了意大利队夺冠的光芒。

意大利报纸援引马特拉齐的话说："我抓住了他的球衣只有几秒钟，他转过身来嘲笑我，用一种极其傲慢的态度上下打量我说道，'如果你确实想要我的球衣的话，待一会儿你能够得到它’。老实说，我后来确实用侮辱性的语言回击了他。”

葡萄牙报纸也用了一连串的问号表达了错愕之情：“为什么是齐达内？为什么？在这个本应当完美的夜晚，他怎么可以如此丧失理智？”还说：“齐达内本来拥有获胜的一切条件，但最后，他失去了一切。他的冲动行为给他耐心创作的艺术品抹上了一个污点。”

巴西的报纸刊登了体育专栏作家特谢拉·海泽发表的文章，他写道：“齐达内曾是世界上最优雅、最绅士的球员，却在2亿球迷面前用一个荒唐的动作玷污了他自己的职业生涯，也玷污了世界杯赛。他对马特拉齐做出的罪恶举动给年轻人树立了一个反面榜样，同时也从心理上动摇了自己队友的斗志。这让法国队失去了宝贵的夺冠机会。”

1. 我们在学习生活中是不是也有同学与齐达内一样，遇到事情不能冷静对待，有时也造成了难以弥补的后果呢？

2. 今后如果你遇到这种情况，你知道应该如何应对吗？

第二节 管理自我，成就人生

能主宰自己灵魂的人，将永远被称为征服者的征服者。

——提图斯·普劳图斯

学习目标

1. 进一步了解自我控制的水平。
2. 学习自我控制的方法。

学习要点

1. 感受自我控制所带来的强大力量。
2. 掌握自我控制的方法。

故事阅读

卧薪尝胆

公元前494年，吴王夫差率兵把越王勾践打得大败，勾践被包围，无路可走，准备自杀。这时，谋臣文种劝住了他，说："吴国大臣伯嚭贪财好色，可以派人去贿赂他。"勾践听从了文种的建议，就派他带着珍宝去贿赂伯嚭，伯嚭答应和文种去见夫差。

文种见了夫差，献上珍宝，说："越王愿意投降，做您的臣下伺候您，请您能饶恕他。”伯嚭也在一旁帮文种说话。伍子胥站出来大声反对道：“人常说治病要除根，勾践深谋远虑，文种、范蠡精明强干，这次放了他们，他们回去后就会想办法报仇的！”夫差则以为这时的越国已经不足为患，就没有听从伍子胥的劝告，答应了勾践的投降，把军队撤回了吴国。

吴国撤兵后，勾践带着夫人和大夫范蠡到吴国伺候夫差，放牛牧羊，终于赢得了夫差的欢心和信任。三年后，他们被释放回国了。

勾践回国后，立志发愤图强，准备复仇。他怕自己贪图安逸的生活，消磨了报仇的意志，晚上就枕着兵器，睡在稻草堆上，还在房子里挂上一只苦胆，每天早上起来后就尝尝苦胆，让门外的士兵问他：“你忘了那三年的耻辱了吗？”勾践的这些举动感动了越国上下，经过十年的艰苦奋斗，越国终于兵精粮足，转弱为强。

公元前482年，越王勾践趁当时吴国精兵在外，突然袭击，一举打败吴兵，杀了太子友。夫差听到这个消息后，急忙带兵回国，并派人向勾践求和。勾践知道一下子还灭不了吴国，就同意了。公元前473年，勾践第二次亲自带兵攻打吴国。这时的吴国已经犹如强弩之末，根本抵挡不住越国军队，屡战屡败。最后，夫差又派人向勾践求和，范蠡坚决主张要灭掉吴国。夫差见求和不成，才后悔当年没有听伍子胥的忠告，非常羞愧，拔剑自杀了。

思 考

1. 越王勾践为什么要卧薪尝胆？

2. 读了这一故事，你有怎样的感受？

你知道吗

提高自我控制能力的法宝

第一，寻找动力：发现内心的使命感。

强大的使命感能促使我们改变。听听内心的声音，了解一下真正想做的是什么，那才是动力的源泉。

第二，培养好习惯：做事不拖拉。

你可能曾经给自己做过很多承诺，但都没有坚持下来。那么，不要想着用一天就把它们全部实现。试着每天只规定自己必须完成一件事。这要容易很多，而实现目标的喜悦就是一种强化，会使新的习惯更稳固。

第三，必须学会忍让，控制冲动。

世界上最宽阔的是海洋，比海洋更宽阔的是天空，比天空更宽阔的是人的胸怀。所以，我们遇到困难的事情时要能够想三想、忍三忍、让三让，从而三思而后行，这就是一个人成熟的标志。

第四，学会坚持，它一定会使人获益。

确定好目标，要持之以恒，就像越王勾践那样：苦心人天不负，卧薪尝胆，三千越甲可吞吴。

场景分析

苦恼的小李

乘务员小李刚去航空公司实习时，因为不熟悉业务，常常被旅客投诉。为此，她很苦恼。一次，因客舱温度较低，旅客不断提出需要："乘务员您好，麻烦给35排拿两条毛毯。""我在41排，也要一条。"小李一边用笔记下，一边耐心地回复旅客。一条、两条、三条……为数不多的毛毯很快就发完了，可是仍然有许多旅客提出需要，甚至有旅客投诉小李把本该给先提出需要的他的毛毯给了后提出需要的人。小李感觉很委屈，为什么自己努力了但却没人能理解？于是，她在整个服务过程中都闷闷不乐，对旅客的要求也开始爱答不理，冷淡应对。这时，她的师傅告诉她：问题的本质是旅客期望暖和，而现状是客舱温度较低，很多旅客需要毛毯，但毛毯数量不够；期望与现状之间产生了落差。如何应对这一落差？可准备一些温水，倒入纸杯中，按照之前记下的座位号码和旅客的实际需要将这些温水分发给旅客，以便临时保暖。小李按师傅的话去做了，旅客得到了温暖，也看到了乘务员的真诚和努力，问题得到了一定程度的解决。小李从中深刻感受到：原来自我控制和努力寻找解决问题的办法才是成就人生的法宝之一。

分析与练习

1. 你认为小李之前苦恼的根源在哪里？

2. 小李的经历给你带来哪些启发?

· 小贴士 ·

如何学会控制

控制和计划是一对“双胞胎”。学会控制，首先要设立明确的目标，人生有奋斗目标才有方向；其次，要有衡量实际的表现，通过观察、测量、评估等方法，了解自我；第三，要发现并分析偏差，通过将执行情况与目标做比较，找出偏差，分析原因，为纠正偏差提供理论依据。最后，要纠正偏差，寻求纠正偏差的有效方法，并采取积极的行动。

活动体验

目标就是力量，奋斗才会成功

每一位同学在纸上写出人生梦想，越详细越好。在老师的指导下，托起这个象征人生梦想的纸片，并郑重承诺：

我愿意面对任何困难和挑战，保护自己的梦想！

我愿意为自己的梦想负责！

在实现梦想的艰辛漫长的旅程中，无论如何我都将坚持到最后！

试一试，你能坚持多长时间？

课堂练习

成功与失败往往只有一步之遥，你希望自己是成功者还是失败者呢？想知道答案就必须了解自己的自我控制能力，下面的小测试就是从深层解析真实的自己。

1. 你每天是按时按点起床和睡觉的吗？（　　）

   A. 按时按点。

   B. 不或不一定。

2. 听到明天有雨的天气预报之后，你会早早在包里放一把折叠雨伞吗？（　　）

   A. 是的。

   B. 不是。

3. 放学回家有三条路可以走，你会选哪一条呢？（　　）

   A. 直线距离最近，但没什么小店可逛，没什么风景可看的路。

   B. 有几家小店可以逛逛，但稍微远一些的路。

   C. 经过一个游乐场，相比前面两者更远一些的路。

4. 如果你感冒了，家人又不在，你一个人躺在床上，会自己起来熬点粥吃吗？（　　）

   A. 会。

   B. 不会。

5. 逛街的时候，你看见一位朋友在跟一家小店的老板吵架，你会怎么做呢？（　　）

   A. 马上走过去帮忙调解纠纷。

   B. 装作没看见，赶紧离开。

6. 回到家，你看见桌子上有一个包装精美的盒子，你会怎么做呢？（　　）

   A. 虽然好奇，但由于没写明是给自己的，所以先不动它。

   B. 先捧起来掂量一下，等家人回来再一起打开。

   C. 直接打开，看个究竟。

7. 表姐想参加新星选拔赛，而她父母却想让她报考数控技术专业，你认为她会怎么做呢？（　　）

   A. 参加新星选拔赛和报考数控技术专业同时进行。

   B. 想办法说服父母，参加新星选拔赛。

   C. 无法与家庭的力量抗衡，只好听从父母的安排。

8. 当你遭遇失败时，会怎样安慰自己呢？（　　）

A. 会安慰自己“可能自己真的做错了什么”。

B. 会安慰自己“下次我会做得更好的”。

C. 会安慰自己“失败就失败了”。

9. 当你的同学吸烟时，让你也参加，你会如何做呢？（　　）

A. 直接拒绝。

B. 不好意思拒绝，就一起吸吧。

10. 当你被别人冤枉时，你会怎么做呢？（　　）

A. 不屑一顾，忙自己的事情。

B. 耐心解释，向对方说明。

C. 直接冲对方发火，可能也会动手。

11. 你携带一份地图独自旅行，在一个陌生的地方迷路了，这时你该怎么做呢？（　　）

A. 向附近的居民或商店的人问路。

B. 仔细看地图，希望自己能解决问题。

C. 到处乱转，直到彻底绝望才问路。

12. 专升本考试前，老师告诉你，你考上的概率为20%左右，你会怎么办呢？（　　）

A. 坚持报考，非要搏一把，并暗自用功。

B. 放弃考试，选择找工作。

13. 现在的你计划好将来做什么了吗？（　　）

A. 已经计划好了。

B. 还没想过这个。

交流分享

1. 分享每个人的情况，观察大家都是如何选择的。

2. 对自己的情况进行分析。

做好自我控制

我们每个人对自身的心理和行为都是能够主动掌握的，自我控制不单是一种非凡的美德，更是使其他美德焕发光彩的源泉。纵观人类历史，我们可以发现，越是成就突出者，其自我控制能力就越强。把控自己才能把控一切。战胜自己才是最完美的胜利。自我控制能力是世界上最强大的力量和财富之一。

研究发现，对未来做规划的时候，做出远景的决定要比做出近景的决定更加容易，这就是为什么我们通常会把明天要做的事情推到后天或者下周去做。所以，我们制定计划的时间不要太长，要做到今日事今日毕，逐渐养成良好的习惯，让强大的自我控制能力伴随自己健康成长。

课后尝试

某公司的文秘小刘，在工作时有一个习惯，就是不论什么工作，都要拖到最后一刻才会拼命做。譬如，公司周一开了一次会议，领导让小刘最迟周四上交整理好的会议记录。无论周一、周二时间多么宽裕，小刘都不会先完成这份记录，而是一天十次甚至二十次地在电脑上打开同一个文件，但写几个字就会停下来。直到周三的下午，她才会敲打键盘开始认真整理，如果下午完不成，她就会越拖越晚，一直到晚上十一二点甚至凌晨一两点才下班。周四，她一定会一早来到公司，红着眼睛，带着一脸的疲惫把会议记录交上去。

小刘下了无数次决心，发誓要改掉这一习惯，但日复一日，没有任何效果。其实小刘知道，这是一个恶习。同事们都称她是“加班大王”，而这并不是一个荣誉称号。

1. 结合自己平时的情况，自我剖析是否也有这样的拖延症。

2. 应该如何改掉这一不好的习惯?

3. 自我控制能力的关键是什么?

4. 自己平时最需要注意的是什么?

5. 制定培养自我控制能力的计划，并努力达到预期的效果。

05 抗压与抗挫

没有谁的人生能一帆风顺，就如同没有哪条河流是笔直地流向大海一样。生活中有许多的压力与挫折，我们必须去面对与解决。如何看待人生中的压力与挫折？如何面对压力与挫折？这将是我们一生的课题。面对失利、不如意，我们会感到不开心、紧张、急躁，这都是面对压力与挫折时正常的反应。让我们来认识压力与挫折，并用积极的态度面对它们。

第一节 越压，越有力

人的生命似洪水在奔流，不遇着岛屿、暗礁，难以激起美丽的浪花。

——尼古拉·奥斯特洛夫斯基

学习目标

1. 了解感受自身当前的压力状况，正确认识压力对生活的影响。
2. 了解释放压力的方法，明白要适当地释放压力才能更好地前行。

学习要点

1. 阅读故事，正确认识压力。
2. 进行案例讨论，分享经验，强化实际应用。
3. 通过活动体验培养积极的心态。

故事阅读

南瓜的力量

美国马萨诸塞州西部的阿默斯特学院进行过一项很有意思的实验。实验人员用很多铁圈将一个小南瓜整个箍住，以测试当南瓜逐渐长大时，会给这个铁圈带来多大的压力。

之后，南瓜不断长大，将铁圈撑开，研究人员不得不加固。

最后，当南瓜成熟后，实验人员打开南瓜，发现它已经无法再食用，因为里面充满了坚韧牢固的层层纤维，这是由于南瓜一直试图突破箍住它的铁圈。

同时，为了吸收充分的养分，以突破限制它成长的铁圈，它的根部往不同的方向全方位地伸展，蔓延到了很远处。

思　考

1. 南瓜能够承受如此大的压力，人在相同的环境下又能够承受多少压力?

2. 你了解自己的潜能吗?

你知道吗

了解心理压力

心理压力是指由生活中超越个人所能处理的，或扰乱个体平衡状态的事件所引起的心理反应。如：未完成的作业、即将来临的考试、必须面对的冲突等。心理压力对每个人来说都是避免不了的。心理压力过大会产生哪些表现呢?

第一，在生理方面：心悸和胸部疼痛，头痛，掌心冰冷或出汗，消化不良、免疫力降低等。

第二，在情绪方面：易怒、急躁、紧张、冷漠、焦虑不安等。

第三，在行为方面：失眠、拖延、迟到、拒绝娱乐、嗜吃或厌食、服用镇静药等。

第四，在精神方面：注意力难以集中，表达能力、记忆力、判断力下降，持续性地对自己及周边环境持消极态度，优柔寡断，等等。

场景分析

小曹的新压力

在某航天零件生产基地，一项新的挑战即将开始：要加工一批特殊的零件，一斤重的航天铝合金要铣加工到只有三克，而且不能有任何变形，挑战和压力都落到了年轻的高级技师小曹身上。

当年，小曹刚毕业就进入该单位，原以为能接触先进的数控加工设备，结果每天重复的都是最简单的铣平面工作，这让小曹心灰意冷。“我当时是以全国数控技能大赛前十名的成绩被招进单位的，但来了从事的都是基础工作。”就在小曹心浮气躁的时候，一次操作失误让他彻底警醒。在一次铣平面工作过程中，小曹输坐标的时候输错了一个符号，瞬间，飞速旋转的刀具直接扎到了工作台上。尽管第一时间终止了错误的程序，但工作台上已经留下了一圈刀痕，这道痕迹更是深深地刻在了小曹的心里。沉下心的小曹慢慢认识到，看似简单的工作是对自己心态和技能的全面锤炼。在这个岗位上，他一干就是三年，为了练就技能，日常生活中，小曹只要看到一些复杂的结构，都要想办法加工出来。小曹通过加工鲁班锁来练习自己的技能，在一次次的摸索中，小曹加工出来的鲁班锁，间隙为0.005毫米，是当时加工的极致水平。

多年的技能磨砺终于迎来了用武之地。他为国家某设备零件加工的空气舵误差只有0.02毫米，所有人都不敢相信。他发明的某加工法绝技，获国家发明专利和实用新型专利，为企业节省成本上千万元。他带出的徒弟屡获大奖。同学们，试想一下，面对新的挑战，小曹能从容应对吗？

分析与练习

1. 小曹的压力来源于哪里？

2. 面对压力，我们应该如何应对和管理？

·小贴士·

让压力变为动力

压力是当人们去适应由周围环境引起的刺激时，在身体或者精神上产生的生理或心理反应，可能会对人们心理和生理的健康状况产生积极或者消极的影响。它可能压垮一个人，也可能成就一个人。若要成就一个人，压力往往要成为一种驱动力。面对压力，不要认为那是人生的不幸，而要调整好自己的心态，从容面对，懂得“吃得苦中苦，方为人上人”的含义，把压力转化为动力，就会得到意想不到的结果。那压力如何才能转化为动力呢？

第一，了解焦虑的本质。压力是一种情绪反应。当开始焦虑的时候，告诉自己，这只是代表你在乎某件事，不代表出了问题，用不着惊慌。

第二，只做能控制的事情。人都有心情糟糕的时候，这种状况有时起源于自己无法控制的事情。要分清楚，哪些事情是采取行动就会有结果的，哪些事情是无论做什么都改变不了的。

第三，建立后援团队。有可依赖、倾诉的对象很重要。平日就要与人建立这样的友谊，才会有支持你渡过难关的朋友。

活动体验

活动一　吹气球

活动步骤：

（1）将气球吹到你认为的极限。

（2）气球吹得最大的同学获胜，将得到一份小奖品。

（3）请气球吹得最大的同学再来吹他原本以为已到极限的气球，看看气球最终能撑到多大（直到气球撑破为止）。

交流分享

1. 采访参加游戏的同学：你的气球为何爆了？你的气球为什么鼓不起来？你是怎样把这个气球吹起来的？

2. 气球所能承受的压力和你想象的一样吗?

3. 由此可见，压力是较大好还是较小好呢?

人对压力的承受力

吹气球时，吹得越大弹性越差，过了它所承受的极点就会爆。人也一样，每个人承受压力的限度是不一样的，这与个人的性格、经历、心态相关。压力是有害还是有益，对人的影响大小，并非完全取决于压力本身，或压力强弱，而更多取决于个人对事件或情景的反应。

管理压力，关键是要控制情绪。可以通过以下三步来尝试调整自己的情绪。

第一步，需要觉察自己当下的情绪并承认它、接纳它。

第二步，了解自己的情绪从何而来。

第三步，尝试以适当的方式来表达情绪。

活动二 举水杯

活动规则：

采取自愿原则，选出6—8位同学参加比赛。在水杯中盛满水，把水杯托在手上。托举三分钟，水不能洒出来。其他同学参与观察和思考。

交流分享

1. 参加比赛的同学发表活动感言。

2. 作为观察者的同学发表感想。

3. 说说自己的释压方式。

压力来源	释压方式	效　果

启示

如何释放压力

生活中的压力和烦恼就像一杯水。一杯水托久了会觉得累。压力和烦恼也是，想一会儿，不会有什么事情。想的时间长一些，就会开始觉得痛苦。如果整天都在想，就会觉得自己软弱无力，甚至什么事情都不能做了。记住，重要的是释放你的压力，记得放下“杯子”！

可以尝试用以下方法来释放压力。

第一，倾诉。找个值得信赖的朋友把自己的心里话说出来。

第二，喊叫。通过唱歌等形式释放内心的压力。

第三，哭泣。哭泣不是懦弱的表现，而是情感压力的释放；要知道，没有哭泣的世界将是一个压抑而暴躁的世界。

第四，运动。大量运动能排解内心大部分的消极情绪。

课堂练习

一起进行释压训练。

第一，两次呼气法。

当我们因为有压力而情绪压抑的时候，我们的呼吸常常会变浅，也就是说，我们过分地依赖陈旧空气。有意识地控制呼吸是调整自己心情的有效方法，确保不时地充分呼气，是保证血液中气体混合比例正常最简单的方法。首先，稍微吸一口气，即正常吸气而不必深吸。然后，尽力呼气。这个时候，虽然我们使劲地将肺里的空气呼出，但事实上，肺里还残留着一些空气没有呼出。因而，我们再用力地呼气一次。这样做的意义在于重新调整我们的呼吸系统。

第二，冥想放松法。

冥想放松法的原理是借着将注意力转移至悠闲、轻松的想象空间和感官体验上，由良好的心理状态影响生理反应，进而使呼吸和心跳减缓、肌肉放松、肢体温度上升，使身心均恢复轻松愉快。

采用冥想放松法时可播放一段轻音乐，让音乐成为想象力的辅助，使人带着轻松的心情，拥有一段愉快的体验。找个舒服的坐姿，闭上眼睛，伴着音乐，根据老师的话语，尽情地发挥想象力，去感受，去体验。在老师的话语结束之后，也不要停止想象，尽量将想象进行下去。

课后尝试

你了解目前你的压力状况吗？赶紧来做个小测验吧！

下面有20道测试题，每题有是和否两种答案。选是的加1分，选否的不加分。测试完毕后，将每道小题的分数相加得到总分。对照测试说明，即可知道自己处于什么状态了。

（1）站立时有头晕的感觉。

（2）有口腔溃疡的现象，并且舌苔出现异常，如舌苔增厚等。

（3）有耳鸣现象。

（4）经常感到喉咙或咽喉疼痛。

（5）食欲下降，即使很饿或者面对喜欢吃的东西，也提不起胃口，并且进食后有难以消化的感觉。

（6）经常便秘或腹泻，并感觉腹胀、腹痛。

（7）肩膀、脊椎僵硬，并伴有酸痛感觉。

（8）常患伤风感冒等小毛病，且不易痊愈。

（9）感觉眼睛肿胀、干涩，容易疲劳。

（10）经常出现手脚冰凉的现象。

（11）有心慌、心悸等感觉出现。

（12）常感觉胸闷气短、胸痛、呼吸困难，甚至有窒息感。

（13）常有头晕、眼花症状出现，并感觉头部沉重或大脑不清醒。

（14）体重下降。

（15）清晨起床困难，常有不愿起床的倦怠感。

（16）经常感觉疲劳，注意力下降，精力不集中。

（17）情绪烦躁、暴躁、易怒。

（18）不愿与人交往，甚至有厌倦感。

（19）出现鼻塞症状。

（20）睡眠质量不好，容易做梦，甚至做噩梦；醒来之后不易再次入睡。

测试说明：将每道小题的相加，低于5分者，说明承受的压力很小；6—10分者，属于正常情况，说明压力在承受范围之内，没什么大碍；11—15分者，压力较大，已经给身体造成不适感，要及时进行防范和调整；16—20分者，压力太大了，已经处于严重的紧张状态，并对身体造成了一定的危害，威胁到了健康，建议及时就医。

请利用以上“压力小测验”随机对父母、老师及身边的朋友（至少5人）进行压力测试，看看他人压力的大小及来源。

关系	姓名	性别	年龄	职业	压力值	压力主要来源

第二节 越挫，越勇敢

如果人生的旅程上没有障碍，还有什么可做的呢？

——奥托·俾斯麦

学习目标

1. 认识生活中各种困难时刻的存在，增强自己的抗挫能力。
2. 培养积极的心态，正确看待压力和挫折。
3. 在遇到挫折时，能找到有效的方法进行处理，在正确的方向指引下，越挫越勇。

学习要点

1. 了解生活中挫折的种类。
2. 初步掌握应对挫折的方法。

故事阅读

蚌病成珠

有个成语叫“蚌病成珠”，蚌是怎样产出珍珠的呢？一开始，是一粒沙子，偶然进入了蚌壳里面。这粒坚硬的沙子嵌进了蚌柔软的身体里，就像迷了眼睛一样，它让蚌发痒、发痛，有了一个伤口。蚌想尽各种方法要把这粒沙子从身体里清除掉，可是每一种方法都失败了。沙子牢固地嵌在那里，用伤痛折磨着蚌。

一天，蚌忽然想出了另外一个主意。它开始分泌出一种特殊的物质，来包裹这粒沙子，最终使它变得光洁圆润、晶莹剔透。当蚌的伤口愈合时，蚌高兴地说："我有了一颗珍珠。"

面对不幸、压力、挫折或失败时，如果能够像蚌那样，或许我们就可以孕育出宝贵的财富。不如意事，十常八九。这就是说，困难是普遍存在的，在人的一生中，可能遇到很多风雨，任何人都无法避免。其实，挫折并不是完全消极的，它有利有弊。在某些情况下，可以激发人们坚强的意志，使之更加坚定地向预定的目标奋进。

思 考

1. 当蚌柔软的身体遇到坚硬的沙粒时，它做了什么？

2. 你如何看待蚌壳里最终产生的珍珠？它是蚌的眼泪还是成功的证明？

你知道吗

认识挫折

挫折是指人们在有目的的活动中，遇到了无法克服或自以为无法克服的障碍或干扰，使其需要或目的不能得到满足或实现。

挫折包括三个结构：挫折情景、挫折认知和挫折反应。

挫折的种类也就是引起挫折的原因，是我们应对挫折的重要部分。

场景分析

苏东坡的故事

许多伟人，也是一辈子受挫折的困扰，但是他们用智慧应对挫折，把生活过成了自己喜欢的样子。

读到“水光潋滟晴方好，山色空蒙雨亦奇。欲把西湖比西子，淡妆浓抹总相宜”时，可能会想到苏堤春晓、三潭印月等西湖美景，但苏轼在创作诗句时，却是遭人诬陷被贬至西湖之时。他以淡泊的心态对待官场进退，用仁爱之心回馈当地百姓。为了治理长期受水灾困扰的西湖百姓，他带领他们挖出湖中的淤泥，疏通西湖入口与出口；同时让百姓在湖中种菱角与莲藕，增加收入；还用挖出的淤泥修筑堤坝，种植垂柳，美化环境。

“大江东去，浪淘尽，千古风流人物”是苏东坡被贬黄州时创作的诗句，没有悲观只有豪情。在黄州，苏东坡亲自耕种补贴家用。竹笋炖咸肉正是他在黄州时研发的美食，食材为当地便宜的咸猪肉和随处可见的竹笋。苏东坡被越贬越远，之后被贬岭南，但却没有自怨自艾，而是写下了“日啖荔枝三百颗，不辞长作岭南人”的诗句，而且烹制被当时富人丢弃的羊杂碎，现在亦为一道名菜。再之后，被贬儋州，苏东坡又尝试当地的生蚝的烹饪。

苏东坡，不以物喜不以己悲，走到哪儿都撰写诗词记录生活中的点点滴滴。他的心中装着美好，创造美好。做人当学苏东坡，学他灵活变通适应环境，被贬流放时仍能坦然面对，并且为百姓着想；学他乐观豁达的人生态度，处处发现生活中的点滴美好，学会升华和创造。

分析与练习

1. 这个故事给你最深的启示是什么？

2. 分小组交流感想。

3. 每组选出一名代表，分享从故事中获得的启示。

活动体验

活动一 挫折探测仪

活动步骤：

（1）在活动场地上准备四块字牌，上面分别写有“家庭环境”“人际交往”“相貌体格”“学业成绩”。

（2）老师给每位同学发放四张小贴纸。

（3）要求同学在目前自己所面临的主要挫折的字牌上贴上贴纸。

交流分享

1. 请分析思考，从四张字牌上贴纸的分布能得出怎样的结论。

2. 你曾想过其他同学也会有和你相同的苦恼吗？

启示

挫折的类型

1. 学习类挫折——学习过程中遇到的困难。如：成绩差、难题不会解答、比赛失利等。
2. 交往类挫折——在处理人际关系方面或与他人交往时遇到障碍而引起挫折。如：社交恐惧症等。
3. 志趣类挫折——个人在兴趣、志向、愿望等方面遇到障碍而引起挫折。如：理想与现实的矛盾。
4. 自尊类挫折——个人在自尊需要方面没有得到满足而引起挫折。如：被人揭短、被人嘲笑、被当面批评等。

活动二　情景模拟表演

请每组同学抽签选择情景，并运用角色扮演的方法模拟表演以下情景，对情景中的挫折进行适当的处理。他人表演时，观察并填写观察表，在模拟表演结束后进行各组之间的交流。

（1）小明在期中考试时，成绩排名班级倒数第十位，老师因此找他谈话，他会怎样做？

（2）小玲在单位时，领导每天分配给她很多任务，她做起来感觉十分吃力，她会怎么做？

（3）小伟读初三了，还只有一米六出头，面对同学对他身高的嘲讽，他会怎么做？

（4）小雨总是一个人形单影只，看到旁边的同学都有要好的朋友相伴，她时常感到孤单，她会怎么做？

（5）小彤一直想成为一个明星，但是尝试了很多选秀大赛，都名落孙山，她会怎么做？

交流分享

各组派代表交流。

观察表

情景：

主人公遇到的挫折：

当时主人公的想法：

当时主人公的做法：

处理挫折所得到的结果：

你认为要解决此情景中的压力和挫折应选择的方法：

战胜挫折

生活中总有来自方方面面的挫折，有人在挫折面前退缩、消极应对，那么他将被挫折打败；有人在挫折面前主动思考、调整心态、积极应对，那么他将最终战胜挫折，迎来胜利。

战胜挫折的关键词：

第一，理智。在遇到挫折时，尽量使自己冷静下来，理智地分析挫折，找到处理方法。

第二，宣泄。当心情烦躁，用理智也控制不了自己时，可找班主任、任课老师、家长或好朋友，好好倾诉一下自己的苦衷、愤怒和不平，获得别人的理解和同情，以摆脱或减轻自己的烦恼，还可以用大喊几声或痛哭一场的方式进行宣泄，然后再冷静地处理问题。

第三，升华。当遇到挫折时，不悲观失望，不气馁，而是把它变成动力，并升华到要做出一番大事业上来。遇到困难，不但不灰心丧气，反而把它看成是前进的力量，不做出成绩来誓不罢休。

课堂练习

请在“我的内心独白”中写出自己成长历程中遇到过的最大挫折及当时的想法和做法，并与大家分享。

我的内心独白

成长历程中遇到过的最大挫折：

____

____

当时的想法：

当时的做法：

该想法、做法产生的原因：

交流分享

（1）“我的内心独白”中填写的当时的想法和做法是否正确？

（2）假如你现在面对同样的问题，应怎样处理更为妥当？

课后尝试

为自己制定一份成功计划。

成功计划

我的榜样是这么做的：

遇到压力、挫折时，我要做到：

我希望得到的帮助：

成功后，我要做到：

我的座右铭是：

计划人：

日期：

生活中，我们都曾面临过各种进退两难的境地，比如：是外出游玩还是在家学习？是参加社团还是选择旁观？是选择升学还是就业？是留在现在的城市还是回到家乡？有时情况已经明了，但由于同时有多种方法可以采用，于是就出现了选择应采取哪种方法的问题。这些，都可以被归结为“决策”。

所谓决策，就是放眼未来，确定行动的方向。它是人们为了达到一定的目的，运用一定的方法，通过一定的程序和步骤，提出诸多方案，然后通过比较选择方案，最后根据方案实施行动的全过程。

06 提高决策能力

第一节 做自己的选择

> 决策就是一种选择，就是从一系列可供选择的方案中挑选出最佳方案的过程。
>
> ——克洛德·西蒙

学习目标

1. 认识决策的重要性。
2. 了解决策的过程和步骤。
3. 学会自我决策。

学习要点

1. 明晰决策的内涵。
2. 知道决策的作用。
3. 知道决策的过程和步骤。
4. 了解决策所面临的问题。

故事阅读

人生要自己来选择

苏格拉底出生在雅典一个贫寒的家庭中，他的父亲是一名雕刻匠，母亲是一名助产妇。他长大后，由于雄辩的才略以及高贵的品格而被人们所推崇，聚集在他周围的人非常多，他们经常聆听他的见解，分享他的智慧。苏格拉底被当时的人誉为“世界上最有智慧的人”。苏格拉底曾经说过：“未经审视的生活是毫无价值的。”这句话说的是，活在世上不能漫无目的地过，而是要不时地审视自己生活的意义和目标，做好自己的选择。

一次，苏格拉底带着他几个弟子来到麦田边，那时正是收获的季节，到处是沉甸甸的麦穗。他对弟子们说：你们去麦田里面，只许进不许退，看谁摘的麦穗最大，我在麦田的尽头等你们。于是，弟子们不断向前，看到这一株摇摇头，看到那一株又摇摇头，他们总认为最好最大的麦穗在前面等着自己。虽然他们也摘了几株，但并不满意，便随手扔掉了。正在弟子们茫然无措时，一个声音说：“你们已经走到头了。”这时候，弟子们两手空空，如梦初醒，他们回望金灿灿的麦田，感到无比惋惜。

苏格拉底笑了笑，语重心长地说：“孩子们，这就是人生——人生就是一次无法重复的选择。”

思 考

1. 你觉得苏格拉底的人生选择论给你带来了什么启示?

2. 故事中的弟子们为什么会出现难以选择的行为?

3. 你在日常生活中做选择时，会考虑哪些因素?

你知道吗

了解决策

首先，要了解决策的定义。

决策就是一个选择的过程，是人们为了实现某一目标，通过制定两个或者两个以上的方案，并在其中选择一个方案做出分析、判断、选择的过程。

做出决策是在人们的政治、经济和日常生活中普遍存在的一种行为。

决策是一个提出问题、研究问题、拟定方案、选择方案并实施方案的过程，即决策主体以问题为导向，对组织或个人未来努力的方向、目标、方法和原则进行判断，进而做出选择。

其次，要了解决策的要素。

决策主体：决策行为的发出者。

决策目标：决策者的期望。

行动方案：达到目的的手段。

决策环境：各种方案背后包含的环境因素。

场景分析

坚持也是一种选择

小王与小施是同事，近来公司有文艺汇演，小施参加了二胡演奏。小王也很想表演，可是总觉得自己没什么特长。说起来真是惭愧，小王从小到大，父母让自己尝试学习了不少东西，刚开始的时候都是斗志昂扬的，后来因为各种原因，一个也没有坚持下来，各项技能都很难称得上精湛。现在有了展示的舞台，小王才发现因为自己当初没有坚持下来，就错失了日后展现自我的机会，感到非常懊悔。

分析与练习

1. 你有类似这样的懊悔吗？说说当时放弃的理由。

2. 假如时光可以倒流，你会坚持学些什么？准备怎么学？

3. 针对决策，你想给学弟学妹们提出哪些建议？

· 小贴士 ·

决策的重要性

决策是生活的核心内容之一，决策贯穿于生活的方方面面。

决策是决定个人以及团队工作成败的关键。决策是任何有目的的活动发生之前必不可少的一步。不同层次的决策有大小不同的影响。

正确的决策能够减轻我们生活上的压力。

正确的决策可以使我们的学习、工作更有效率。

活动体验

活动一　回首曾经的决策

请回忆自己曾经做过的决策，并加以分析，将结果记录在表中。

	第一次	第二次	第三次	第四次
决策内容				
由谁决定				
决策的原因 / 理由				

续 表

	第一次	第二次	第三次	第四次
考虑周全度（1—5 分）				
满意程度（1—5 分）				

交流分享

1. 请与同学进行交流，分享要点如下：

（1）请你挑选出最满意的决策，说说令你满意的原因。

（2）请你挑选出最后悔的决策，说说令你后悔的原因。

（3）从自己过去的决策经历中，可以归纳出哪些成功的经验和失败的教训？

2. 请调查同学们是怎样想的，将结果记录在表中。

	第一组	第二组	第三组	第四组
成功的经验				
失败的教训				
启　示				

决策的基本特征

1. 目标性，即决策必须有一个既定的目标，没有目标，决策就失去了标准和依据。
2. 优化性，决策的要求是在既定的目标和条件下寻求最优方案，以更好地实现目标。
3. 选择性，进行科学决策的重要条件是拟定尽可能多的可行方案以供选择。
4. 实施性，一个决策必须在实践中得到检验，才可得知其正确与否。

活动二　沙漠求生

事件背景1：

事发当天上午10点，一架飞机在位于西南部的某沙漠地带紧急着陆。飞机着陆后意外损坏，所幸人员未有重伤。

事件背景2：

飞机着陆前雷达已有故障，未通知塔台相关坐标。

从指示器可知，目前距离起飞的城市120公里；而此时周边最近的城镇，位于西偏北100公里处，该处有个矿场。

事件背景3：

周围除仙人掌外，全是荒芜的沙漠，地势平坦。

此前，天气报告气温约42摄氏度。

事件背景4：

乘客穿着简便：短袖、长裤、短袜和皮鞋。

乘客可以带离下表中所列出的物品。请依据所有人的生存需要选取物品。

交流分享

1. 全班分为几个小组，先不进行讨论，每个人根据自己的想法，确定是等待救援还是集体走出沙漠，并列出拿取下列物品的计划，及拿取的先后顺序。

序号	物品名称	个人决定		小组决定		专家答案
		次序	误差	次序	误差	
1	手电筒（4个电池大小）					
2	便携折叠工具					
3	当地航空图					
4	塑料雨衣					
5	磁石指南针					
6	薄纱布1箱					
7	降落伞（红色和白色）					
8	盐水消毒片一瓶					
9	每人4升清水					
10	书一本，名为《沙漠中可食的动物》					
11	每人太阳眼镜各一副					
12	每人外套各一件					
13	化妆镜1面					
总分						

2. 全组每个人都选好以后，进行小组讨论，小组确定是等待救援还是集体走出沙漠。列出全组拿取物品的先后顺序。讨论这样选择的原因，确定合理的小组方案。

怎样做决策

第一，明确决策程序。

（1）确定决策目标。决策目标是根据所要解决的问题来确定的。

（2）拟定备选方案。分析和研究实现目标的各种因素，拟定多个可行方案。

（3）评价备选方案。评价的标准是哪一个方案最有利于实现决策目标。

（4）选择方案。选择方案就是对各种备选方案进行总体权衡后，由决策者挑选出最优的方案。

（5）执行方案。执行方案是决策的落脚点。

（6）回顾评估方案。对方案进行反思。

第二，了解决策步骤。

（1）提出决策问题，包括分析问题和确定目标。

（2）判断所处的状态。

（3）拟定多个可行方案。

（4）评价方案并做出选择。

课堂练习

你想知道自己的决策能力如何吗？可尝试回答以下问题。在回答问题后，与同学互相交流，分析各自的决策能力有何差异。

1. 你的分析能力如何？（　　）

A. 我喜欢通盘考虑，不喜欢在细节上考虑太多。

B. 我喜欢先做好计划，然后根据计划行事。

C. 认真考虑每件事，尽可能地延迟应答。

2. 你能迅速地做出决定吗？（　　）

A. 我能迅速地做出决定，而且不后悔。

B. 我需要时间，不过我最后一定能做出决定。

C. 我需要慢慢来，如果不这样的话，我通常会把事情搞得一团糟。

3. 进行一项艰难的决策时，你是什么样的态度？（　　）

A. 我做好了一切准备，无论结果怎样，我都可以接受。

B. 如果是必须的，我会做，但我并不欣赏这一过程。

C. 一般情况下，我都会避免这种情况，我认为最终都会有结果的。

4. 你有多念旧？（　　）

A. 买了新衣服，就会捐出旧衣服。

B. 旧衣服有感情价值，我会保留一部分。

C. 我还有小时候穿的衣服，我习惯于保留一切。

5. 如果出现问题，你会怎么做？（　　）

A. 立即道歉，并承担责任。

B. 找借口，比如失控了。

C. 推卸责任，说主意不是我出的。

6. 如果你的决策遭到了大家的反对，你的感觉如何？（　　）

A. 我知道如何捍卫自己的观点，而且通常我依然可以和大家做朋友。

B. 首先我会试图维持团结合作，并希望大家能理解自己。

C. 这种情况下，我通常会听别人的。

7. 在别人眼里，你是一个乐观的人吗？（　　）

A. 朋友叫我“拉拉队长”，他们都很依赖我。

B. 我努力做到乐观，不过有时候，我还是很悲观。

C. 我经常“泼冷水”，我很现实。

8. 你喜欢冒险吗？（　　）

A. 我喜欢冒险，这是生活中比较有意义的事。

B. 我偶尔喜欢冒险，不过每次都需要好好考虑一下。

C. 不能确定，如果没有必要，我为什么要冒险呢？

9. 你有多独立？（　　）

A. 我不在乎一个人住，我喜欢自己做决定。

B. 我更喜欢住校生活，我乐于做出让步。

C. 我的家长会做大部分的决定，我不喜欢参与。

10. 让自己符合别人的期望，对你来讲有多重要？（　　）

A. 不是很重要，我首先要对自己负责。

B. 通常我会努力满足别人，不过我也有自己的底线。

C. 非常重要，我不想因不满足别人而影响与他们的交往。

课后尝试

访谈你的1—2位亲友，请他们回顾自己走过的人生道路，看看都经历了哪些重要的决策过程，谈谈当时是如何做出决策的。

第二节

“决”出精彩人生

> 没有调查，就没有发言权，更没有决策权。
>
> ——习近平

学习目标

1. 培养对信息的综合分析能力，寻找解决问题的最佳方案。
2. 在生活和学习中能够科学合理地做决策。

学习要点

1. 知道决策能力的构成要素。
2. 掌握做决策时的分析方法。
3. 了解提高决策能力的途径。

故事阅读

田忌赛马

齐国的大将田忌很喜欢赛马。有一回，他和齐威王约定，要进行一场比赛。他们商量好，把各自的马分成上、中、下三等。比赛的时候，上马对上马，中马对中马，下马对下马。由于齐威王同等级的马都比田忌的马强一些，所以比赛了几次，田忌都失败了。

田忌觉得很扫兴，比赛还没有结束，就垂头丧气地想离开赛马场。突然，田忌抬头一看，人群中有个人叫自己，原来是自己的好朋友孙膑。孙膑招呼田忌过来，拍着他的肩膀说："我刚才看了赛马，齐威王的马比你的马快不了多少呀。"孙膑还没有说完，田忌就瞪了他一眼："想不到你也来挖苦我！"孙膑说："我不是挖苦你，我是说你再同他赛一次，我有办法，准能让你赢了他。"田忌疑惑地看着孙膑："你是说另换一批马来？"孙膑摇摇头说："一匹马也不需要更换。"田忌毫无信心地说："那还不是照样输！"孙膑胸有成竹地说："你就按照我的安排来比吧。"齐威王屡战屡胜，正在得意洋洋地夸耀自己的马的时候，看见田忌由孙膑陪着迎面走来，便站起来讥讽地说："怎么，莫非你还不服气？"田忌说："当然不服气，咱们再赛一次！"说着，"哗啦"一声，把一大堆银钱倒在桌子上作为赌注。齐威王一看，心里暗暗好笑，于是吩咐手下，把前几次赢得的银钱全部抬来，另外又加了一千两黄金放在桌子上。齐威王轻蔑地说："那现在就开始比吧！"

一声锣响，比赛开始了。孙膑先以下等马对齐威王的上等马，第一局田忌输了。齐威王站起来说："想不到赫赫有名的孙膑先生，竟然想出这样拙劣的对策。"孙膑并不去理会。接着进行第二场比赛。孙膑拿上等马对齐威王的中等马，获胜了一局。齐威王有点慌乱了。第三局比赛，孙膑拿中等马对齐威王的下等马，又获胜了一局。这下轮到齐威王目瞪口呆了。比赛的结果是三局两胜，田忌赢了齐威王。还是同样的马匹，只是调换了一下比赛时马的出场顺序，就得到了转败为胜的结果。

思　考

1. 当你面临复杂的事情需要处理时，会如何进行决策？

2. 怎样才能保证你的决策合理有效?

3. 如何才能提高自己的决策能力?

你知道吗

如何培养决策能力

第一，培养决策能力需要注意以下事项。

克服从众心理。决策时要摆脱从众心理，不拘常规、大胆探索，这样才能独具慧眼地捕捉到更多的机遇。

增强自信。拥有自信是具有决策能力者明显的心理特征。

决策勿求十全十美。

第二，影响决策的因素有以下几项。

环境因素：社会环境、自然环境等。

组织因素：所在组织或集体的文化、信息化程度等。

决策问题的性质：问题的紧迫性、问题的重要性等。

决策主体的因素：个人对待风险的态度、个人能力、个人价值观、决策群体的关系融洽程度等。

场景分析

创业和就业的选择

曾有一项针对两千多名18—35岁青年的调查，其结果显示，88.1%的受访青年坦言自己的就业观念与父母的想法存在差异，42%的受访青年因此不愿与父母过多地交流沟通找工作的情况。父母对子女工作选择的干预，让许多人陷入迷茫。临近毕业，小朱也面临着艰难的选择：是根据自己的兴趣进入一个新兴行业，还是听从父母的建议继续深造？是在一线城市的快节奏中直面各种压力，还是回到家乡去过安稳的生活？在一次很偶然的机会中，同一小区的一位阿姨找小朱谈网上营销的事宜，在学校学电子商务专业的小朱对自己扎实的专业技能很有信心，就是这样一个契机，使小朱的整个人生轨迹发生了变化，他选择家乡的特色产品进行了网络营销。经过几年的不懈努力，小朱赢得了顾客的信任和认可，也获得了不菲的成绩和知名度。他感叹道：每个人都应该在充分了解自己的基础上，结合所学专业和自身兴趣，做出最适合自己的选择。

分析与练习

1. 小朱基于哪些因素做出了最终的决策？

2. 对于将来的选择，你有哪些可利用的优势，存在哪些劣势？外部因素中有哪些机遇和威胁？请尝试用SWOT分析进行判断。

3. 在小组内部进行讨论交流，尝试用SWOT分析做决策，每组选一位同学说出自己的决策。

内部因素	外部因素
优势（S）	机遇（O）
劣势（W）	威胁（T）

· 小贴士 ·

SWOT 分析

所谓SWOT分析，即基于内外部竞争环境和竞争条件下的态势分析，就是将与研究对象密切相关的各种主要内部优势和劣势、外部的机遇和威胁等，通过调查列举出来，并依照矩阵形式排列，然后用系统分析的思想，把各种因素相互匹配起来加以分析，最终得出一系列相应的结论，而结论通常带有一定的决策性。

运用这种方法，可以对研究对象所处的情景进行全面、系统、准确的研究，从而根据研究结果制定相应的发展战略、计划以及对策等。

S（strengths）、W（weaknesses）是内部因素，O（opportunities）、T（threats）是外部因素。SWOT分析从某种意义上来说，属于企业内部分析方法，即根据企业自身的既定条件进行分析。SWOT分析自形成以来，也被广泛应用于对个人情况的分析中，可帮助个人决策。

活动体验

运用决策平衡单

	选择一			选择二		
	得分	加权分	计分	得分	加权分	计分
因素 1 内容 1 内容 2 ……						
因素 2 内容 1 内容 2 ……						
因素 3 内容 1 内容 2 ……						
总分						

决策平衡单使用说明：

（1）将你的各种选择水平罗列在决策平衡单的顶部。

（2）在决策平衡单的左侧，垂直列出影响选择的“因素1”“因素2”及其具体内容。

（3）给各因素和内容按1—5的等级分配权重。一项因素或内容的重要性越大，它的权重就越高。5为最高权重，表示“非常重要”；3代表“一般”，而1代表“最不重要”。对自我需求和价值观的准确了解，是给各因素和内容赋予权重的前提。

（4）按照各项选择满足各因素和内容的程度，进行打分。分值在“−5”到“+5”之间，其中，“+5”表示“各因素和内容在该选择中得到了完全的满足”，“0”表示“不知道或无法确定”，而“−5”表示“各因素和内容完全未能得到满足”。

（5）将得分与各因素和内容的权重相乘进行计分，将结果记录下来。

（6）将每一选择下所有的正负积分相加，得出它的总分。对所有总分进行比较和排序。

分析与练习

1. 请说出你最近面临的重大决策。

2. 运用决策平衡单，做出你的选择。

提高决策能力的途径

从博学中提高对决策的预见能力，包括感受能力、分析能力、推理能力等。

从实践中提高做决策时的应变能力。人们的决策或多或少都带有一定的主观色彩，必须接受实践的检验，并在实践中不断调整、修正、完善。

从心理上提高做决策时的风险承受能力。一点风险都不能承受的决策，绝不能算得上高明的、卓有成效的决策。

从思维上提高做决策时的创造能力。思维反映到决策活动中就是思路，“脑中有思路，脚下有出路”，这就是思维给决策者带来的奇妙效应。

从信息上提高做决策时的竞争能力。广泛地收集信息，能够使所做的决策更加科学、完善。

课堂练习

如果有兴趣，可以做做下面的职业锚测验，看看自己的职业锚是什么。

这一测验旨在帮助个体了解自己的能力、动机和价值观。仅仅依靠这个测试，可能无法完全准确地反映你的职业锚，但能促进你对该问题的思考。

如何选择答案：

（1）请按照个人情况快速、如实作答。

（2）在下表的40个问题中，根据实际情况，从“1—6”中选择一个数字。数字越大，表示这种描述越符合实际情况。例如，针对“我梦想成为公司的总裁”这句话，可以做出如下的选择：

选“1”代表这种描述完全不符合自身的想法；

选“2”或“3”代表偶尔（或者有时）这么想；

选“4”或“5”代表经常（或者频繁）这么想；

选“6”代表这种描述完全符合自身的日常想法。

序号	题目	评分
1	我希望做我擅长的工作，这样我的建议可以不断被采纳	
2	当我整合并管理其他人的工作时，我感到非常有成就感	
3	我希望能让我用自己的方式、按自己的计划开展工作	
4	对我而言，安定与稳定比自由与自主更重要	
5	我一直在寻找可以让我创立自己事业（公司）的创意（点子）	
6	我认为只有对社会做出真正贡献的职业才算是成功的职业	
7	在工作中，我希望去解决那些有挑战性的问题，并且成功	
8	我宁愿离开，也不愿从事需要个人和家庭做出一定牺牲的工作	
9	将我的技术和专业水平发展到一个更具有竞争力的层次是职业成功的必要条件	
10	我希望能够管理一个大的公司（组织），我的决策将会影响许多人	
11	如果工作允许我自由地决定工作内容、计划、过程时，我会非常满意	
12	如果工作的结果使我丧失了自己在组织中的安全稳定感，我宁愿离开这个工作岗位	
13	对我而言，创立自己的公司比在其他的公司中争取一个高级管理职位更有意义	
14	我的职业满足来自我可以用自己的才能去为他人提供服务	
15	我认为职业的成就感来自克服自己面临的非常有挑战性的困难	
16	我希望我的工作能够兼顾个人、家庭和工作的需要	
17	对我而言，在我喜欢的专业领域内做资深专家比当总经理更具有吸引力	
18	只有在我成为公司的总经理后，我才认为我的职业生涯是成功的	
19	理想的职业应该允许我有完全的自主与自由	
20	我愿意在能给我安全感、稳定感的公司中工作	
21	当凭借自己的努力或想法完成工作时，我的工作成就感最强	

续 表

序号	题　目	评分
22	对我而言，利用自己的才能使这个世界变得更适合生活或居住，比争取一个高级管理职位更重要	
23	当我解决了看上去不可能解决的问题，或者在看上去必输无疑的竞赛中胜出，我会非常有成就感	
24	我认为只有很好地平衡个人、家庭、工作三者的关系，生活才能算是成功的	
25	我宁愿离开，也不愿频繁接受那些不属于我专业领域的工作	
26	对我而言，做一个全面的管理者比在我喜欢的专业领域内做资深专家更有吸引力	
27	对我而言，用我自己的方式不受约束地完成工作，比安全、稳定更加重要	
28	只有当我的收入和工作有保障时，我才会对工作感到满意	
29	在我的职业生涯中，如果我能成功地创造或实现完全属于自己的产品或创意，我会感到非常成功	
30	我希望从事对人类和社会真正有贡献的工作	
31	我希望工作中有很多的机会，可以不断挑战自己解决问题的能力（或竞争力）	
32	能很好地平衡个人生活与工作，比获得一个高级管理职位更重要	
33	如果在工作中能经常用到我特别的技巧和才能，我会感到特别满意	
34	我宁愿离开，也不愿意接受让我不能进行全面管理的工作	
35	我宁愿离开，也不愿意接受约束我自由和自主控制权的工作	
36	我希望有一份让我有安全感和稳定感的工作	
37	我梦想着创立属于自己的事业	
38	如果工作限制了我为他人提供帮助或服务，我宁愿离开	
39	去解决那些几乎无法解决的难题，比获得一个高级管理职位更有意义	
40	我一直在寻找一份能让个人和家庭之间冲突最小化的工作	

（3）评分指导：

① 现在重新看一下给分较高的描述，从中挑选出与日常想法最为吻合的三个，在原来评分的基础上，将这三个题目的得分再各加上4分（例如：原来得分为5，则调整后的得分为9），然后就可以开始计算总分了。

② 将下表中的“列”进行分数累加，得到每一列的总分，将每列的总分除以五得到的平均分，填入表格中（在计算总分和平均分前，不要忘记将最符合日常想法的三项，额外加上4分）。

③ 最终的平均分就是自我评价的结果，最高分所在列代表最符合“真实自我”的职业锚。

④ 找出得分最高的三种职业锚，然后结合自己的生活感受，确定自己最典型的职业锚是哪一种，它可能就代表了你最看重的职业价值。

职业锚	技术、职能	管理	自主、独立	安全、稳定	创造、创业	服务、奉献	挑战	生活
题号	1 （　）	2 （　）	3 （　）	4 （　）	5 （　）	6 （　）	7 （　）	8 （　）
	9 （　）	10 （　）	11 （　）	12 （　）	13 （　）	14 （　）	15 （　）	16 （　）
	17 （　）	18 （　）	19 （　）	20 （　）	21 （　）	22 （　）	23 （　）	24 （　）
	25 （　）	26 （　）	27 （　）	28 （　）	29 （　）	30 （　）	31 （　）	32 （　）
	33 （　）	34 （　）	35 （　）	36 （　）	37 （　）	38 （　）	39 （　）	40 （　）
总分								
平均分								

课后尝试

请班级中的一两位同学谈谈他或他们目前面临什么选择或决策（就业、实习、学习等），有哪些备选方案。然后大家一起运用决策平衡单，帮助他或他们从这些备选方案中选出适合自己的方案。

执行力是指将计划、目标和想法转化为实际行动的能力。执行力对于个人成长和职业发展至关重要。它使我们能够不断学习、成长和进步。通过积极行动、实践和反思，我们能够习得新的技能和知识，并不断提高自己的综合能力。拥有强大的执行力能够使我们兑现承诺、完成任务，并在工作中展现出专业和高效的态度。当我们能够按照计划执行并取得进展时，我们会对自己的能力和决策感到自信，这种自信会进一步增强我们的执行力，由此形成良性循环。当我们能够按时交付工作、兑现承诺，并展现出可靠和负责的态度时，他人会更愿意与我们合作和支持我们的目标。

没有执行力，即使拥有最好的计划和远大的抱负，也将无法付诸实践。拥有强大的执行力，意味着我们能够保持专注、坚韧和毅力，坚持不懈地追求目标，克服困难并取得成功。

强化执行力

第一节 行动成就梦想

世界上的事情都是干出来的，不干，半点马克思主义都没有。

——邓小平

学习目标

了解执行力的具体内涵，明白执行力对于人生发展的重要意义。

学习要点

1. 理解什么是执行力。
2. 知道执行力有哪些内涵。
3. 掌握执行力的重要意义。

故事阅读

把普通的事情做到极致，星辰大海就在脚下

前段时间，某大型超市员工浦阿姨的“灭蚊”事件上了热搜。

浦阿姨是超市的清管员，她主要负责防治有害生物，比如蚊子、蟑螂、苍蝇。这份普普通通的工作，她兢兢业业地做了十多年。为了灭蚊，浦阿姨针对不同季节、不同时段中蚊子的生活习性及活动范围，研究出一整套灭蚊方法，还专门制作了“蚊子作息时间表”：6:00，花园及绿化带，精力十足，

难打；9:00，积水处，产卵；15:00，阴凉处，睡午觉……为了防患于未然，她把灭蚊范围拓展到超市周围方圆200米左右，附近的饭店、垃圾桶，以及街边的绿化带，她都会定期处理。她还在超市外的草丛里，装上了捕蝇笼。

有人劝她，超市外面的灭蚊不属于她的工作范围。可她却说："要消除超市里面的蚊子，只有把外面的消灭了，才能避免隐患。"她的那份"蚊子作息时间表"点赞量近2亿，很多人还特意去向她请教灭蚊的方法。

网上有人提问："普通人怎样实现更大的价值？"

也有人回答："把普通的事情做到极致。"

思考

1. 浦阿姨为什么能够完成灭蚊任务？你从浦阿姨灭蚊的故事中感悟到什么道理？

2. 当你在执行任务的过程中遇到困难时，你会怎么做？

3. 如果问题一时无法解决，你的选择会是什么？

你知道吗

执行力是什么

简单地说，按质、按量、按时完成自己的任务就是执行力，工作中没有任何借口，自动自发，想尽一切办法完成自己所负责的任务。不要试着为没有完成任务寻找任何借口，即使是看似十分合理的借口。

执行力是一种能力，更是一种态度，所表达的是坚持不懈的职业探寻、无私奉献的职业精神。

对个人而言，一切梦想、设想、构想、理想，若没有执行力，就只能是幻想和空想。

对团队而言，执行力就是战斗力。一个没有执行力的团队，将难以成事。

场景分析

执行力就是竞争力

小李自信开朗，性格外向，从职业院校毕业不久后，就被一家企业录用了。于是，小李每天背着公文包，西装革履地去上班，但是小李没有将心思放在平时的工作和提高自己的业务能力上，而是放在了和同事的聊天上，整日看似忙忙碌碌，却完成不了多少任务。好景不长，没到两个月，小李就被辞退了。小李垂头丧气地来到职业指导窗口，他嘟囔着说道：“现在这社会情商最重要了，可老板竟然嫌我太活络。”实际上，虽然小李短短两个月在公司确实认识了很多人，同事也觉得小李是个比较活跃的人，但是公司交办的好几个重要的任务，他都没能顺利完成，最后落得个“眼高手低，执行力太差”的糟糕评语。

分析与练习

1. 你发现了小李身上的哪些问题?

2. 如果你是小李，接下来你会通过哪些努力来改变自己，让自己重新走上工作岗位?

·小贴士·

提升个人执行力的方法

1. 树立目标，制定切实可行的计划，并严格要求自己提升工作能力。
2. 磨炼意志，培养毅力。遇到困难和挫折，要有“啃下硬骨头”的勇气和决心，绝不轻易放弃。
3. 绝不拖延，立即行动。
4. 不要迟疑，当机立断。过多的犹豫会使人失去很多机会。

活动体验

小小推销员

如果你是一个水笔厂的销售人员，一支水笔的成本为2元，想要把手中的水笔以2元、5元、8元、10元的价格卖出，请小组讨论卖出这些水笔的方法，并填在下表中。

	计划方案
2 元	
5 元	
8 元	
10 元	

交流分享

1. 你自己最多想了几个计划，能把水笔卖到几元？

2. 卖水笔时可能遇到的问题有哪些？

3. 最后你是如何解决这些问题的？寻求过别人的帮助吗？

团队执行力

1. 团队的合作是提升执行力的好方法。
2. 一个团队执行力的整体结果取决于团队中执行力相对较差的那个队员的执行力水平，因此要不断增强团队每个人的素质，才能提升团队的整体执行力。

课堂练习

相信你是一个希望对自己有多方面了解的人，以下测试能帮你提高对自己执行力的了解，共18题，请你在5分钟内完成，只需打“√”或“×”表示肯定或否定即可。

(　　) 1. 今天天气似乎要下雨，但出门带雨具又麻烦，你能很轻松地做出决定吗？

(　　) 2. 在做一项重要工作之前，你会为自己制定工作计划吗？

(　　) 3. 你是否充分信任自己的合作者呢？

(　　) 4. 对自己许下的诺言，你能否一以贯之地遵守？

(　　) 5. 你能在工作岗位上轻而易举地适应与过去的工作习惯迥然不同的新规定、新方法吗？

(　　) 6. 你能直率地说出自己拒绝某事的真实动机，而不虚构一些理由来掩饰吗？

(　　) 7. 辛苦工作时，你是否会对自己计分评估？

(　　) 8. 你认为自己勤奋而不偷懒吗？

(　　) 9. 为了公司的整体利益，你敢于得罪他人吗?

(　　) 10. 在做一项重要工作之前，你是否会尽可能多地听取建议呢?

(　　) 11. 你是否善于倾听?

(　　) 12. 如果你了解到在某件事上领导与你的观点截然相反，你还能直抒己见吗?

(　　) 13. 进入一个新环境后，你能很快适应这一新的集体吗?

(　　) 14. 领导要你星期五下班时提交一个方案，到了规定时间，你发现自己的方案有不完善的地方，你认为可以等到下星期一再上交吗?

(　　) 15. 你善于为自己寻找借口来掩饰工作中的小失误吗?

(　　) 16. 对于一项执行困难的工作，你是否能全力以赴地完成呢?

(　　) 17. 对于工作中不明白的地方，你会向领导提出疑问吗?

(　　) 18. 你有能够顺利完成工作的自信吗?

评分标准：

回答“是”的题（第14、15题除外）得1分，第14、15题回答“是”的扣2分，最后计算总分。

1	2	3	4	5	6	7	8	9	10
11	12	13	14	15	16	17	18	总得分	

课后尝试

大家用一支水笔和身边的同学交换物品，以一周为期限，最后大家交流分享谁交换的物品价值最高。交换得到的物品将会成为学校慈善拍卖的物品，拍卖所得款项最终将帮助学校中家庭生活有困难的同学。

第二节

不做“热锅上的蚂蚁”

> 言前定则不跲，事前定则不困，行前定则不疚，道前定则不穷。
>
> ——《礼记·中庸》

学习目标

明白做事有计划是有执行力的保证。

学习要点

1. 学会制定计划的基本方法。
2. 从生活中的点滴小事做起，尝试制定各种计划。

故事阅读

最有价值的一课

据说，一家大型钢铁公司的总裁曾为如何有效地执行计划而烦恼。于是，他向效率专家请教了这样一个问题：“对于企业家而言，如何更好地执行计划？”效率专家声称他可以在10分钟内就给出一个方法，这个方法能将公司的业绩提高50%。他递给总裁一张白纸，对他说道：“请在这张纸上写下你明天要做的6件最重要的事。”总裁用了5分钟写完后，效率专家接着说：“现在请按照每件事情对于你公司利润增长的重要程度，用数字进行排序。”总裁又花了5分钟排好顺序，效率专家对他说：“好了，请把这张纸装进口袋，明早再打开看，先做第一件最重要的事情。不要看别的，只做第一件。然后一件件地接着做，直至6件事全部做完为止。以后每天你都这样做。”

总裁点了点头：“这个方法听起来很好。你收我多少钱？”

效率专家答道：“不急，你先回去试一下。你算一下它能够在多大程度上提高企业的生产效率，就按此给个价吧。”

一个月之后，效率专家收到总裁寄来的一张10万元的支票和一封信。信上说：“这是我一生中最有价值的一节课。”

思 考

1. 这节课的价值在哪里，为什么说这是最有价值的一节课？

2. 你从中得到了什么启示？你曾经尝试为完成某件事或实现某个目标制定过计划吗？你感觉效果如何？是否制定计划对实现目标有影响吗？

你知道吗

计划是执行力的一部分

1. 计划是执行力的一部分，包括计划的制定、计划的组织和实施、计划的检查监督等一系列活动，其目的是解决目标和资源之间是否匹配的问题。
2. 做好计划是提高执行力的重要方法之一，只有在做事情之前制定充分的计划，才能够提高效率，节省时间和精力。

场景分析

焦虑的小张

小张接到领导的指示，让他筹备一场公司的迎新仪式，要求以“学习工匠精神”为主题，制定一个详细的方案，而迎新仪式的时间就在两周后。这个迎新仪式究竟该请谁来主持，要有哪些环节，需要哪些保障条件？查阅了各种资料后，小张还是没有形成方案的雏形。眼看两周的时间就要过去了，小张很焦虑，他该怎么样才能顺利做好方案并完成筹备工作呢？

分析与练习

1. 请你帮小张制定一个简单的迎新仪式方案。

2. 你认为一个好的方案应具备的要素有哪些?

3. 如果让你完成这个筹备工作，你准备从哪几个方面着手?

· 小贴士 ·

用思维导图帮助自己

思维导图是表达发散性思维的有效的图形思维工具。

我们可以形象地把思维导图理解成一个城市的地图。思维导图的中心就是城市中心。城市中心代表核心主题，即最重要的任务或者目标；从城市中心发散出来的想法就是思维过程中的各种想法，代表分类主题。思维导图就像是街道的全景图；让人知道自己的思考轨迹，知道要往哪里走，必须经过哪儿。

绘制思维导图有以下步骤。

第一步：在白纸的中央画一个图像表示核心主题。

第二步：从中央图像向外发散出第一条主要的分支，注明分类的主题。

第三步：为第一条主要的分支涂上颜色。

第四步：为这条主要的分支添加二级分支，注明与主题相关的关键词。

第五步：按照顺时针的顺序，继续画第二条主要的分支。

第六步：为第二条主要的分支涂上另一种颜色。

依此类推。

活动体验

制定迎新仪式方案

学习以下生活中常见的活动策划重点内容，帮助小张制定“学习工匠精神”迎新仪式的工作方案，将计划的各项内容记录在相应的表格中。

	会议类	比赛类	调研类	考察类	接待类	工作计划
事前：方案制定	明确时间、地点、参加人员、内容等	明确主题、时间、地点、奖品、程序、评委、评分标准	确定主题、人员、时间、地点、方式、计划	确定出行方式、人员、路线、交通、食宿、经费	掌握对方情况、目的、要求，制定计划，向领导汇报	了解意图，准备相关资料，协调相关部门
事中：协调沟通	发出通知、明确分工、现场协调	发出通知、明确分工、现场协调	深入一线，了解情况	安排出行、安全等后勤工作	协调落实活动安排，根据对方要求调整活动	撰写计划，向有经验的人多请教
事后：反思总结	制作简报、总结	颁奖、总结	撰写报告、总结	总结、经费结算	结算经费，总结汇报	总结

任　务	负责人	起止时间	必需品	备　注
总策划				
主持人				
服装、道具准备				
PPT 准备				
场地与布置				

任　务	负责人	起止时间	必需品	备注
仪式前的后台准备				
仪式中的会场布置				
投影、音响设备操作				

任　务	负责人	起止时间	必需品	备注
场地清理				
设备归还				
费用结算				
宣传报道				

交流分享

1. 活动中遇到了哪些问题，你是如何解决的?

2. 在制定计划或制作方案时，最关键的是什么?

进一步制定计划

思维导图适用于对零散信息进行系统梳理，但形成的图像比较抽象，不适合信息的广泛传播和共享。要让别人一眼就能看明白自己的设计意图，还需要考虑更多。

第一，坚持注重细节。

（1）联系实际，确定目标。如针对本次“学习工匠精神”的迎新仪式，仔细思考：仪式中要关注哪些细节？工匠精神包括哪些内涵？在此基础上，确定本次迎新仪式的具体名称和活动目标。

（2）整合资源，形成合力。要根据可支配人力物力财力的实际情况，引导不同人员展示自我，同时发动各方力量，整合各方面的资源，做到各方面考虑周全，使仪式更圆满。

第二，制定工作计划书。

（1）适当取舍元素。将思维导图变成设计文档时，需要进行适当的取舍，例如，把一眼就能看明白的元素简单列举出来；将思维导图中的元素用文字详细地表述出来，这样才能让他人更好地明白设计者的设计意图。

（2）借鉴成功案例。当思维疲劳明显影响了自己继续思考的时候，可以暂停自己的设计，阅读一些成功案例，从案例中寻找创意切入点，以达到事半功倍的效果。

今天是学校校刊发放的日子，大约有50份校刊，你是今天的发放员。请全班同学分成2个小组，按照老师确定的名单发放校刊，必须将校刊发放到指定人员手中，并请其签字确认。请小组制定发放校刊的计划，并全组共同执行。

姓 名	楼 层	份 数	签收时间

思 考

1. 校刊发放途中，你遇到了哪些问题？

2. 你有没有事先制定发送校刊的路线和方案？

3. 在团队分工的过程中，遇到问题时，你当时的想法是什么？

4. 最终你是如何解决问题的?

课后尝试

本周五晚上做好周末计划，将周末要做的事情列成清单，并写出执行每一件事情的明确步骤。周日晚上，回顾周末所做的事情，并对照原先制定好的周末计划，看看自己执行了哪些。

最重要的事	第一步	第二步	第三步	完成情况
其次重要的事	第一步	第二步	第三步	完成情况

08 掌握求职技能

机会总是留给有准备的人的。找工作就是一场人才竞技赛，想要成功就业，除了自身具备一定的实力外，比别人掌握多一些求职技能与求职方法，就会多赢得一分的成功可能。

第一节 求职准备

> 凡事预则立，不预则废。
>
> ——《礼记·中庸》

学习目标

掌握求职前的相关准备事项。

学习要点

1. 了解如何调整求职时的心态。
2. 知道如何确定适当的求职目标。
3. 知道如何获取求职信息。
4. 学会如何做好求职准备。

故事阅读

“我”的求职历程

实习结束后，我开始精心准备求职简历，关注网上的各种招聘信息，同时也留意了企业对应届毕业生要求的变化。企业要求的“有学生干部工作经验者优先”“有兼职经验者优先”等条件我都具备，但几乎所有企业都要求的英语四级证书我却没有，因为我学的是小语种，而且也没有考取等级证书。

我为此非常忧虑，而接下来在一家企业的应聘中，我的担忧应验了。

从网上看到这家公司的招聘信息时，我刚从另一家公司的面试现场出来。这家公司是临时增设的招聘场地，要求求职者在30分钟内提供完整的简历。于是，我大约用了10分钟的时间，迅速装订好事先准备好的简历，用剩下的时间写了一封自荐书。面试官拿到我的求职资料后，赞赏地说："你好快啊！"

就这样，凭借着良好的第一印象和比较丰富的兼职经验，我成为少数进入复试的人之一。第二天，当我满怀信心地来到面试地点，面试官看了我的简历，开口就问："怎么没有英语相关成绩？"就这样被拒绝，回来后我有点心灰意冷。

后来，我冷静下来，仔细想了想，我应该更加清晰地向面试官解释我的外语学习经历，了解企业的实际需求。

调整心态后，我接到了另一家公司的面试通知。面试形式是无领导小组讨论，此前我没有经历过这种形式，所以不知道该怎么在小组中扮演好自己的角色。但在讨论中其他小组成员的丰富经验让我很有收获，一些求职者对自己所学的实际运用也让我深受启发。

这次面试之后，我又经历了大大小小好几家公司的面试，虽然大多被拒绝，但正是在这些经历中，我学到了不少面试技巧，锻炼了自己的表达能力，并获得了一家大公司的复试资格。

那是一次结构化的面试，在此之前我就做了有针对性的准备，面试也很顺利。可在后来的两天中，和我一起参加面试的同学收到了签约通知，而我却没有。难道又一次在最后一轮被拒？我有点不甘心。

我从同学那里了解到这家公司的签约时间和地点，于是便带上求职简历，来到现场。这家公司的签约工作正在进行，我便在门外一直等待。两个小时之后，终于有机会见到公司的招聘人员。说明来意后，我开始解释自己的外语背景与所应聘的岗位并不冲突，我还强调了自己的学生工作经历，如担任过班级、社团、学生会的相关职务，做过多种兼职，并突出了自己的组织协调能力和团队协同精神。热情的招聘人员认真听取了我的解释，并跟我进行了详细而深入的沟通。

当晚，电话响了，对我说"恭喜"的正是这家公司的招聘人员。由此，我获得了人生的第一份正式工作，并庆幸自己能够在几乎被拒绝的情况下做了主动的争取。

总结自己的经历，我认识到，对于应届毕业生来讲，一开始找工作，由于应聘经验少，被拒绝是很正常的事情。但只要把自己的优势和劣势分析清楚，在这些看似不成功的面试经历中，一点一滴地积累起面试经验，提高适应性和表现力，是能够有针对性地扬长避短的。同时，主动争取会大大增加成功的概率。

思　考

1. 你感觉是什么因素促使“我”最终求职成功？

2. 面对一次次的求职被拒，“我”的心态经历了什么样的变化？

3. 你会为求职做好哪些准备？

你知道吗

培养积极乐观心态的黄金法则

1. 积极行动，举止像自己希望成为的人。
2. 要心怀必胜的信念，有积极的想法。
3. 用美好的感觉、足够的信心与坚定的目标去影响别人。
4. 使遇到的每一个人都感到自己重要、被需要。
5. 心存感激。
6. 学会称赞别人。
7. 学会微笑。
8. 不计较鸡毛蒜皮的小事。
9. 培养奉献的精神。
10. 永远不要消极地认为什么事都是不可能的。

场景分析

小张错了吗

在某职业院校读书的女生小张，10岁的时候，跟随父母一起来到上海。父亲对小张有很高的期望，希望她能在上海找一份体面的工作。因此，小张选择了酒店管理专业。

终于到了毕业阶段，小张和班里的同学一起到一家四星级酒店实习。实习开始后，由于小张的英语口语比较流利，她首先被安排到酒店的前台做接待员，因其能用熟练的英语接待外宾，赢得了酒店上下的一致好评。

过了一段日子，酒店要求实习生轮岗，小张的第二个实习岗位是客房部服务员，她立即找到酒店的人事经理，表示不愿意去客房部打扫卫生，认为“这不适合自己”。人事经理告诉小张，轮岗是实习生的必修课，无人例外。想不到小张反应很强烈，甚至她的父母也一起来找人事经理理论。

小张认为自己的梦想是要做一名都市白领，她要做的是穿着整洁的制服从事体面的工作，现在让她去做打扫卫生的服务员工作，说什么她也不会接受，简直太“掉价”了。但哭闹并不管用，小张无奈地接受了现实，情绪却一落千丈，工作时也心不在焉，拖延应付，经常被客人投诉。

在实习结束之时，人事经理遗憾地说：“在实习的第一阶段，我们非常看好小张同学，认为她是一个十分有前途的好学生。我们当时认为以后可请小张留在酒店工作，并想派她去其他学校再深造一段时间，以便将来能够委以重任。想不到小张后来的实习表现令人大失所望，说明她根本不愿意从基层工作做起。目标定得高虽然是件好事，但是如果不愿脚踏实地努力，那说什么也都是白日梦……”

直到这时，小张才不由反思：“难道我真的错了吗？”

分析与练习

1. 小张为什么不愿意从事客房部服务员的工作？

2. 如果你是小张，你会怎样处理类似的情况？

·小贴士·

脚踏实地实现梦想

1. 调整心态。干一番宏大的事业与从基层工作做起并不矛盾，把基层工作中的小事情做好，就能为今后的事业成功打好基础。
2. 耐得住寂寞。基层工作有时是琐碎的、重复的，但也能让人从中有所学习、有所积累，以赢得未来的职业生涯发展。
3. 积累经验。基层工作经验是很有价值的，它如同建造大厦的基石，是职业生涯中的大智慧。

活动体验

活动一　寻找求职途径

步骤一：寻找“我”的求职途径。

如果你现在要去寻找一份工作，你会通过哪些途径收集求职信息呢？写出你能想到的途径，并列出这些途径的优缺点。

步骤二：小组内进行交流分享。

每组的组长组织成员进行交流，并汇总所有的求职途径，选出一位组员进行汇报，看哪个小组说得最多。

步骤三：老师总结。

求职途径	优　点	缺　点
求职网站	信息量大，方便，更新快	信息量大，选择困难

续 表

求职途径	优 点	缺 点
……		

交流分享

1. 在每组所写的求职途径中，你更倾向于选择哪一种？为什么？

2. 在每组写出的求职途径中，你认为哪一些信息比较真实、明确？

3. 你有亲身经历过或听说过哪些求职陷阱呢？

如何警惕求职骗局

1. 招聘单位不得向求职者收取任何费用（包括保证金和押金），在任职初期先缴纳各种押金是不合法的。
2. 当对方要求提供身份证号、银行账号以及奇怪的证明材料时，一定要多留个心眼，在任何情况下都不能向自己一知半解的“招聘单位”透漏任何关于自己的隐私信息。
3. 不要将自己的身份证、学生证、毕业证等重要证件随意上交给招聘单位。
4. 小心传销陷阱。接到招聘单位的面试电话后，第一时间核对信息的真实性，如可查询该单位的官网，通过网站提供的联系电话进行详细咨询。

活动二　面试准备清单

当你获得了相关的求职信息，在正式前往面试场所之前，你还需要做哪些准备工作呢？

步骤一：阅读下列招聘信息。

婚礼策划师

1. 岗位职责：活动策划、专业顾问。

2. 岗位要求：

（1）具有婚礼方案策划的相关经验。

（2）具有扎实的文字功底，具备较强的企业方案创作、活动策划和后期执行能力。

（3）具有良好的文化素养。

（4）工作踏实认真，性格开朗，热爱婚庆行业。

3. 工作时间：周一至周五10:00—18:00。

步骤二：如果你前去应聘该岗位，你会在面试前做哪些准备呢？以小组为单位讨论，将结果写入下表中，写得越详细越好。

面试准备清单	
应聘岗位	婚礼策划师
岗位职责	
仪容仪表（服饰、发型、妆容等）	
心理准备	
相关材料准备	
用实例证明可胜任此工作的优势	
其他	
……	

步骤三：每组派一位组员介绍本小组的讨论结果。

交流分享

1. 针对你现在所学的专业，你应该做哪些面试前的准备？

2. 为什么要做面试前的准备？

课堂练习

填写下面的表格（可以自行增加期望值行），问问自己，求职准备做得怎么样了？

招聘单位的期望值	你应该做什么准备	你做到了哪些准备
形象气质好	学点化妆 练习穿衣搭配	
擅长表达	学习演讲 上课多发言 练习辩论技巧 参与活动，多表达	
吃苦耐劳	不怕挫折与失败 坚定目标，步步为营	

续 表

招聘单位的期望值	你应该做什么准备	你做到了哪些准备
熟练使用计算机	PPT 制作和 EXCEL 使用熟练 通过计算机等级考试	
一定的外语表达能力	重视外语学习 多加练习外语口语 敢于和外教沟通交流 认真完成外语作业	
在校表现良好	学好专业技能 专业课总评优秀 综合成绩优秀 担任过班级或学生会干部	
实习经历	有专业领域实习经历 实习成绩优秀	
兼职经历	利用寒暑假在相关单位兼职 并有不同收获	
加分项	积极参与学校某社团活动 参加某项比赛并获得奖项 拥有某项突出特长	

课后尝试

就业目标

1. 毕业后我可能的就业方向有：

____

____

____

____

2. 其中，我非常期望能达成的就业目标是（如果能实现，那该有多好）：

3. 必须实现这个目标的理由（为什么这个目标这么重要）：

4. 为了完成设定的目标，我必须做出以下努力（也许是某些改变）：

5. 从现在开始，我就要做的事情是：

第二节 求职实践

> 是以太山不让土壤，故能成其大；河海不择细流，故能就其深。
>
> ——李斯

学习目标

1. 知道如何介绍自己。
2. 掌握简历的制作方法。
3. 了解面试流程。
4. 掌握一定的面试技巧。

学习要点

1. 掌握简历的制作方法与技巧。
2. 掌握面试过程中的注意事项。

故事阅读

细节即是修养

一家知名企业的总经理要招聘一个助理，这对于刚刚走出校门的毕业生来说，是一个非常好的机会。所以一时间，应聘者云集。经过严格的初选、复试、面试，总经理最终挑中了一个毫无经验的毕业生。

副总经理对此决定有些不理解，于是问他："这个毕业生胜在哪里呢？他既没有任何人的推荐，也不是名校毕业，而且毫无经验。"

总经理告诉他，"的确，他没有人推荐，刚从学校毕业，一点经验也没有，但他有很多东西很可贵。他进来的时候在门垫上蹭掉了脚上带的土，进门后又随手关上了门，这说明他做事小心仔细。当看到那位行动有些不便的面试者时，他立即起身让座，表明他心地善良，体贴别人。进了办公室，他先脱去帽子，回答我提出的问题时也是干脆果断，证明他懂礼貌，有教养，又有能力。"

总经理接着说："面试之前，我在地板上扔了本书，其他人都从这本书上迈了过去，而这个毕业生却把它捡了起来，轻轻放回桌子上；当我和他交谈时，我发现他衣着整洁，头发整整齐齐，指甲干干净净。在我看来，这些细节就是最好的推荐信，这些修养是一个人最重要的品牌形象。"

一些不经意的细节，往往能够反映出一个人最深层次的修养。若想获得成功，应该事事从小处着手。注重细节和小处的人，无疑也是最能够捕捉创造力火花的人。

思　考

1. 这个毕业生受到总经理青睐的根本原因是什么？

2. 如果你是求职者中的一员，你会注意到面试过程中的哪些细节？

你知道吗

面试过程中的细节

1. 求职者在面试当天应穿着衬衫、套装等，注意服饰的整洁、清爽。
2. 面试当天一定不止你一个求职者，当在外等候时，千万不要走来走去、东张西望。
3. 进入面试室之前，轻轻叩击房门，得到允许后方可走进去。不要忘了回身将门关上，动作要轻，切忌“砰”地用力把门关上。
4. 面对面试官时，要注意保持得体的笑容，主动说“您好”，大方回答问题，目光自然。
5. 面试时，坐姿也要注意，挺胸收腹，绝对不能背靠椅背。不要跷起二郎腿，不要抖腿、晃腿。男生的双脚分开比肩宽略窄，双手很自然地放置于大腿上。女生则应双膝并拢，穿着裙装时更应注意坐姿。

场景分析

一场面试

小夏是管理专业的毕业生，刚刚毕业的时候，她就职于一家小公司，因为所学的专业比较对口，所以工作上得心应手，但是也因此缺乏挑战。四年后，她经过深思熟虑，选择了辞职，准备到一家大型的广告公司应聘相应岗位。为了过好面试关，她提前做了很多的准备。面试的时候，面对面试官严谨的提问，小夏从容不迫，对答如流，最后终于使面试官对她刮目相看。现在，我们就来看其中一段精彩的面试过程。

面试官（以下简称面）：你为什么会应聘我们公司的这个工作岗位？

小夏（以下简称夏）：主要原因有三个：第一，我的性格很符合这个岗位对从业者的要求，找到适合自己的工作，意味着职业生涯就成功了一半；第二，我对这份工作充满兴趣，因此会努力工作，员工的努力工作必定会给公司带来业绩上的回报；第三，这份工作可以实现我的人生价值。

面：你想从这一职位中得到什么？

夏：我想为公司的发展出一份力，同时实现自己的人生价值，给自己一个不断进步的机会。

面：如果我们今天录用你，你首先想要做的是什么？

夏：我在这次面试之前已经对公司有了一些了解。我发现公司高级管理层的主管人员和辅助人员的分工好像不是很明确，这样可能会导致公司的管理障碍，例如命令的重复执行等，这必将导致公司的效率下降。对于这样一个庞大的机构来说，1%工作效率的下降，将带来严重的后果。因此，我首先会着力于明确人员的职责，相信我可以很快明确工作原则，并解决这个问题。

面：你能在压力下工作吗？

夏：当然可以。上学时，我担任学生会组织部的部长，在繁重的学习任务和繁忙的学生工作的双重压力下仍可以有条不紊地积极工作，并得到大家的一致肯定。

面：你的数学成绩并不是很好，为什么？

夏：坦白地说，我在上学的时候逻辑思维并不是很好，这可能影响了我的数学成绩，但我在后来的一段时间里努力弥补数学能力上的欠缺，并由此提高了我的经济分析能力，这在我的毕业论文中您可以看得到。

面：你在上一家公司工作了四年，为什么？

夏：我认为停留在一个岗位上的时间越长，积累的经验就会越丰富。

面：你打算长期从事这项工作吗？

夏：当然，这是我喜爱的工作，而且它有广阔的发展空间。我要扎根于此，发展自己的事业，同时为公司的发展尽力。

面：另外，我们还想了解一下你的业余爱好，比如喜欢什么类型的电视节目？

夏：我比较喜欢一些文艺类、时事类的节目，放松之余还可以从中学习一些知识。我想适当地看一些电视节目对于开阔视野是有帮助的。

面：谈谈你的缺点吧。

夏：我的缺点可能就是做事过于认真，有时这会给我带来一些麻烦。

面：一旦被录用，你将如何规划你的职业？

夏：我想我的职业规划会和公司的目标一致，并为此提高我的业务水平。

面：今天的面试就到这里，我们会在一周内通知你面试的结果。

分析与练习

1. 面试官的提问主要考察了求职者的哪些素质？

2. 求职者在面试的应答上有哪些优缺点？

·小贴士·

面试主要内容与面试技巧

一般来说，面试内容主要涉及：求职者的求职动机；求职者的工作愿望和事业进取心；求职者的工作能力；求职者的反应能力；求职者的背景、兴趣爱好、自我认识等。通过提问，加上与求职者的直接接触，获得了关于其仪表风度、语言表达能力等方面的综合信息，就可以比较全面、综合地评估求职者各方面的素质，进而对求职者的任职资格有基本判断。

作为求职者，在面试过程中，要注意以下几点：

第一，言谈得体，对答如流，从容不迫，思路清晰。这些表现会给面试官留下良好的第一印象。

第二，在面试前对用人单位做充分的了解和思考。

第三，表现出较好的反应能力和说服能力。

第四，在一些问题上能充分展开并介绍自己的优势，而不仅仅局限于简单回答面试官的问题，可配以适当的例子来说明。

活动体验

活动一 简历制作

步骤一：来“找茬”。

根据招聘启事，查看以下三份简历，以小组为单位，找出简历中不合适的地方，看哪个组找得最多、最准确。

招聘启事

为了发展本地旅游事业、壮大本地导游队伍，本公司特向社会招聘导游：包括中文导游、英文导游。相关要求如下：

（1）年龄18—45岁，男女不限，身体健康，相貌端正，口齿伶俐。

（2）热爱旅游事业，能保证每天8小时的在岗时间。

（3）吃苦耐劳，责任心强，积极进取。

（4）报名后参与实地跟团学习和集体考核，考核合格后录取。

有三位应聘者针对此岗位投递了简历，以小组为单位，逐一对各简历进行分析。

简历一

我叫王小明，今年19岁，学的是酒店管理与服务专业。我的身体健康状况良好，相貌端正，喜欢与人沟通和交流。我认为贵公司导游这个岗位非常适合我，希望能到贵公司工作。

电话：1234567890

简历二

姓名：李天天　性别：女　民族：汉

出生年月：××××年×月　政治面貌：群众

所学专业：商务英语

◆ 工作经历：

××××年×月—××××年×月　在某英语辅导机构担任话务员

××××年×月—××××年×月　在某旅行社担任前台

◆ 自我评价：

我是一个非常乐观的女生，喜欢与人交流。虽然我没有从事过与导游相关的工作，但我会在新岗位上不断学习，希望贵公司能给我这个机会。

简历三

个人情况：

姓名：赵如　性别：女

出生年月：××××年×月　健康状况：良好

所学专业：酒店服务与管理

手机：1234567890　电子邮件：**@163.com

通信地址：某市××区××路××号

教育背景：

××××年×月—××××年×月　在某学校酒店服务与管理专业学习

主要课程：

茶艺、演讲与口才、插花、调酒、客房服务、英语等

英语水平：

基本技能——听、说、读、写能力良好

获奖情况：

无

自我评价：

我认为我非常适合这个岗位，既可以担任中文导游，也可以担任英文导游。如果贵公司录用我，是一定不会失望的。

步骤二：

根据招聘启事，如果你本人要应聘此岗位，你会做一份怎样的简历呢？请为自己制作一份简历。每个小组进行组内推选，选出一位组员的简历进行展示。

交流分享

1. 在制作简历的过程中，你碰到最大的困难是什么？

2. 小组要推选一位组员进行简历展示，为什么你会选择他的简历呢?

3. 你认为一份简历中，必须要呈现的内容有哪些?

启示

求职简历的组成部分

1. 基本情况：姓名、性别、出生年月、婚姻状况、联系方式等。
2. 教育背景：按时间顺序列出初中至最高学历，包括就读学校、专业、主要课程、所参加的各种专业知识和技能培训。
3. 工作/实习经历：按时间顺序列出至今所有的就业记录，包括单位名称、岗位、就职及离职时间，应该突出每份工作的职责、性质等，此为求职简历的精髓部分。
4. 个人特长及爱好，以及其他技能等。

活动二 模拟招聘会

（1）由两位同学与老师共同担任面试官（自愿报名）。

（2）阅读招聘启事。

招聘启事

我公司是一家大型连锁超市，为了公司的发展以及业务的拓展，现招聘以下人员，具体要求如下：

前台

职责：

1. 负责接听电话、信件收发。
2. 处理相关文件的登记。
3. 其他辅助性事务。

要求：

1. 女，五官端正。
2. 基本的计算机操作能力。
3. 善于与人沟通，有较好的工作心态。
4. 普通话标准。

收银员

职责：

1. 收取顾客货款，打印发票。
2. 细心完成每笔交易。
3. 整理发票，统一对账。

要求：

1. 男女不限。
2. 性格开朗，有较好的亲和力。
3. 对工作认真负责。
4. 普通话标准。

营业员

职责：

1. 营造舒适的购物环境。
2. 为顾客提供专业的购买建议。
3. 向顾客宣导公司的品牌理念。

要求：

1. 男女不限。
2. 吃苦耐劳、勤快、开朗活泼。
3. 善于与人沟通。
4. 具有工作热情。

采购员

职责：

1. 筛选供应商。
2. 协商最佳采购交易条件。
3. 追踪采购进度。

要求：

1. 男女不限。
2. 熟练使用Word、Excel等办公软件。
3. 具有良好的谈判技巧。
4. 为人正直，吃苦耐劳。

（3）模拟招聘过程。

① 自我介绍（包括姓名、年龄、爱好、特长，以及胜任这项工作的优势等）。

② 能力展示。

③ 回答面试官的问题。

（4）同学分享交流。

（5）老师点评。

交流分享

1. 在刚才的面试过程中，你认为哪个同学表现得最好？为什么？

2. 面对不同的招聘启事，我们是否可以只用一份简历？为什么？

3. 你认为在模拟招聘的过程中，自我介绍、能力展示、回答面试官的问题这三个环节中的哪一个环节对你来说难度最大？为什么？

如何介绍自己

初次面试时，求职者往往最先被要求“介绍一下你自己”。这个要求看似简单，但求职者一定要慎重对待，这是突出优势和特长、展现综合素质的最佳机会。回答得好，会给人留下良好的第一印象。

在介绍自己时，要掌握以下几个原则：

（1）开门见山，简明扼要，最好不要超过三分钟。

（2）实事求是，不可吹嘘得天花乱坠。

（3）突出长处，但也不隐瞒短处。

（4）所突出的长处要与应聘的工作有关。

（5）善于用具体生动的实例来证明自己，不要泛泛而谈。

（6）说完之后，要问面试官还想知道关于自己的什么事情。

为了表达更流畅，面试前应做些准备。而且由于面试官的要求不同，所给出自我介绍的时间可能不同。所以明智的做法就是分别准备一分钟、三分钟、五分钟的介绍稿，以便面试时视情况做出调整。

课堂练习

我们在面试过程中会遇到各种各样的问题，巧妙地回答面试官的问题，才能打开就职之门。下面就让我们一起来尝试回答几个问题。

高频面试问题：

（1）简单介绍一下你自己。

（2）谈谈你的优点和缺点。

（3）参加过哪些学校活动或实践?

（4）为什么选择本公司?

（5）为什么选择这个岗位?

（6）五年内有什么职业规划?

（7）你对薪资的要求。

（8）你对加班的看法。

（9）你对跳槽的看法。

（10）就你申请的这个岗位，你认为自己还欠缺什么?

从以上问题中选择两个问题，试试看你会怎样回答。找一个人从面试官的角度对你的回答进行点评。

问题：

回答：

点评：

问题：

回答：

点评：

课后尝试

每道题目只有一个最合适的选项，请做出选择。完成测试后，请在班级中交流测试结果。

1. 如果你的领导脾气很急躁，经常批评下属，大家的情绪时常受到影响，作为下属，你将如何处理？（　　）

   A. 直接找领导谈话，建议其改变管理方式。

   B. 私下找领导沟通，委婉指出并注意自己的态度。

   C. 与其他同事一起商量，联名建议领导改变管理方式。

2. 一份机密文件丢失，某日又出现在你的抽屉里，你将怎么办？（　　）

   A. 听之任之，反正文件没有丢失，不会有什么事。

   B. 私下请人帮忙调查，找到真正原因。

   C. 向直属领导报告，并检讨自己的过失。

3. 在办公室中，如果某天你的手表丢失了，很多同事都认为是某个同事拿的，你会怎么办？（　　）

   A. 责令那个同事赶紧交出来，因为群众的眼睛是雪亮的。

   B. 从此对那个同事敬而远之，但也不会逼迫他交出来。

   C. 不会去凭空怀疑那个同事，先进行仔细查证。

4. 领导让你去组织一次招商洽谈会，可你之前从来没有做过类似事情，你该怎么办？（　　）

   A. 勉为其难，硬着头皮上，随便做一下。

   B. 坦率地向领导说出自己的难处，请领导另择合适的人才。

   C. 坦然接受任务，然后边干边学，力争把任务完成好。

5. 如果某个同事当众用笑话侮辱你，你会怎么办？（　　）

   A. 痛斥该同事，以牙还牙。

   B. 以幽默的方式回击。

   C. 淡然一笑，不会放在心上。

6. 当领导安排给你一项不熟悉的工作时，你会怎么想？（　　）

   A. 应认真地完成任务。

   B. 觉得是在故意刁难你，想看你出丑。

C. 觉得很倒霉，想方设法逃避这项工作。

7. 在一次大会上，领导当众批评你，你将怎么办？（　　）

A. 据理力争，绝不会把不是自己所犯的错误揽到自己身上。

B. 沉默不语。

C. 诚恳道歉，表示一定会努力改正错误。

8. 由于你经常跟着领导外出办事，所以有些同事说你爱拍马屁，此时你怎么办？（　　）

A. 十分愤怒和委屈，为大家为什么不能相互理解而困惑。

B. 听之任之，反正身正不怕影子斜。

C. 与同事妥善沟通，向大家表明自己仅仅是为了工作。

9. 假如领导要求你监督早晨出勤情况，而某日你的一个好友迟到了十分钟，你会怎么办？（　　）

A. 仍旧记迟到十分钟，再说他一顿。

B. 不会记录，反正只有十分钟，而且他又是自己的好友。

C. 正常记录，但询问好友原因。

10. 对于工作以后的再“充电”，你的看法是什么？（　　）

A. 多此一举，没必要再学习了。

B. 多多益善，人应该不断地提升自我，不能裹足不前。

C. 有空就学习。

11. 在面试过程中，如果面试官对你十分冷淡，你会怎么办？（　　）

A. 心中很恼火，觉得自己简直是在对牛弹琴。

B. 泰然处之，将其视为面试官对自己的考验。

C. 冷漠相视，反正以后也不一定在这里工作。

12. 假如领导让你加班，而你的父亲生病了需要你早点回家照顾，此时你会怎么办？（　　）

A. 生气地告诉领导自己今天不能加班。

B. 在工作时间内抓紧完成一部分工作，再向领导解释。

C. 不知该如何是好。

13. 以下一些关于面试着装的规则，你认为正确的是哪一项？（　　）

A. 上身穿西装，下身穿运动裤。

B. 面试时，不能穿旅游鞋、运动鞋、休闲鞋。

C. 佩戴很多首饰。

14. 面试礼仪是非常重要的，你认为以下不正确的是哪一项？（ ）

A. 见到面试官要主动问候，并快步上前与之握手。

B. 单手接过名片后放在口袋中。

C. 临出门时，说“谢谢各位，再见”，然后转身带上门。

15. 面试过程中，可以主动问面试官一些问题，但以下有些是不应当问的，请你选出可以问的一项。( )

A. 请问贵单位所招的是笔试的前两名吗?

B. 贵单位的员工都是哪里毕业的?

C. 这个问题我刚才没说清楚，请问我可以补充一下吗?

16. 你怎样和新同事进行接触？（ ）

A. 不管不顾，什么都说。

B. 他们先主动沟通，我才会有回应。

C. 积极主动，努力配合，多进行沟通。

17. 你觉得应当怎样表现自己？（ ）

A. 投其所好。

B. 将自己最好的一面展示出来。

C. 努力掩饰自己的不足。

09 学会团队合作

《吕氏春秋》曰:“万人操弓，共射其一招，招无不中。”历史的进步离不开齐心协力。万众一心，众志成城，历史前进的车轮必定要大家一同推动，团结是人类推动历史进步与发展的动力源泉。

我们在回顾历史，更在创造历史。生活中的我们总是会遇到许多艰难险阻，单枪匹马的个人英雄主义，自私逞能的精致利己主义，往往都不能带来好的结果。众人拾柴火焰高，团队的力量往往超出个人力量的简单相加，能给我们带来意想不到的收获。以史为鉴，建设有凝聚力的团队，才能走向胜利。

第一节 认识团队

> 不管努力的目标是什么，不管干什么，单枪匹马总是没有力量的。合群永远是一切思想善良的人的最高需要。
>
> ——约翰·歌德

学习目标

1. 认识群体和团队。
2. 了解团队构成的基本要素和团队的建设步骤。

学习要点

1. 理解自身所处的团队及其定位。
2. 形成相互信任的团队氛围。

故事阅读

一头狮子和三头公牛

在辽阔的大草原上，生活着红牛、黄牛、黑牛三兄弟。三头公牛时常在一起游戏、休息。这天，草原上来了一头狮子。狮子看到了三头公牛，想把它们吃掉，就向他们猛冲过去。三头公牛也发现了狮子，他们马上将角朝外，围成了一个圈。冲上去的狮子，被红牛用角挑出老远，重重地摔在地上。狮子想从另一个方向进攻，可看到黄牛和黑牛都瞪大眼睛恶狠狠地盯着自己，也就不敢靠近了，最后只好灰溜溜地走了。三头公牛松了一口气，都说："咱们三兄弟只要团结，再凶的狮子也不怕！"狮子没吃到公牛，当然很不甘心，但是斗不过三兄弟，怎么办呢？狡猾的狮子终于想出了一个办法。

这一天，趁三兄弟没在一起，狮子终于等到了机会。他跑到黑牛身边，黑牛吓了一跳，马上摆出准备战斗的架势。狮子连忙解释说："别这样，我不是来伤害你的，你的力量这么大，我怎么敢与你斗呢？不过我想问你，你们三兄弟中哪个力量最大呢？"黑牛想了想，说："我看，应该是我吧！""那就奇怪了。"狮子说，"刚才我听红牛说，是他的力量最大。他说那天要不是他用角挑我一下，你们肯定会被我吃掉！""他胡说，要不是我在，他才会被吃掉呢！"黑牛气得直喘粗气，他决心不理红牛了。狮子见黑牛上了当，又跑到红牛那里，说："红牛兄弟，我知道你的力量是最大的，那天要不是你把我赶跑，我早就把黄牛和黑牛吃掉了。""我们是三兄弟啊，我当然得保护他们啦！"红牛嘴里这么说，心里却很得意，也不想赶狮子走了。"可我听黑牛说，他的力量才是最大的。他还说，那天要是让他对付我，会做得更好。你看，他正不服气地瞪着你呢！"红牛扭头一看，果然见黑牛正盯着自己。红牛心想：这家伙，真是忘恩负义，要不是我救了他，他早就被吃掉了。红牛决定以后再也不和黑牛在一起了。狮子又找到了黄牛，对黄牛说："黄牛兄弟，他们都说你是个胆小鬼，那天我冲过去，他们说你吓得四条腿直发抖。其实，我看你才是最勇敢的呢！"黄牛气愤地说："哼，他们才胆小呢，太不像话了，我要找他们算账去！"说着，就直奔红牛而去。黄牛冲到红牛面前，一句话也不说，一下就把红牛撞了个跟头。红牛气急了，爬起来和黄牛打了起来。黑牛看见了，跑过去拉架，结果也被黄牛狠狠地顶了一下。

就这样，三头牛打成一团，从早晨打到中午，又从中午打到晚上，最后都遍体鳞伤，筋疲力尽，躺在地上直喘粗气。躲在一旁的狮子见机会到了，猛冲过去，没费多大劲，就把公牛三兄弟全都咬死了。

思考

1. 这个故事告诉我们什么道理？

2. 要怎样做才能形成团队，做到齐心协力？

你知道吗

团队构成的基本要素

1. 目标：团队应该有一个既定的目标，为团队成员导航，知道团队向何处去。
2. 人员：人是团队最核心的力量。在一个团队中需要有人出主意，有人定计划，有人实施，有人协调，有人监督团队工作的进展，有人评价团队最终的贡献。只有各司其职，才能使团队实现目标。
3. 定位：包括整体定位和个人定位。团队在企业中处于什么位置，由谁选择和决定团队的成员，团队最终应对谁负责，团队采取什么方式激励成员，这些都是团队的整体定位。团队的个人定位，则是指作为团队成员在团队中扮演什么角色。
4. 权限：团队当中领导者的权力大小跟团队的发展阶段相关，一般来说，团队越成熟，领导者所拥有的权力越小，在团队发展的初期阶段，领导权相对比较集中，权力较大。
5. 计划：想要最终实现目标，就需要一系列具体的行动方案，可以把计划理解为实现目标的具体工作。

场景分析

群体与团队

马上要到元旦了，班主任让班长小王带领同学们准备一个节目，在元旦晚会上表演。小王把这个任务告诉了其他同学，大家都很积极踊跃。有的同学说："节目要体现新年氛围，我可以带大家一起编排一个啦啦操。"也有同学说："啦啦操太难了，这么短的时间根本就学不会，还不如排练一个大合唱。"还有同学说："大合唱太简单了，要不我们组织一个乐队演出吧。"节目只能有一个，班里的气氛渐渐变得紧张起来，最后，甚至有几个同学吵了起来，都说不要参加这次活动了。小王觉得很苦恼，为什么热烈的讨论突然变成这样了，到底该怎样做才能让大家一起准备节目呢？

小王向班主任李老师寻求帮助。李老师问了小王一个问题："你认为什么是团队呢？"小王犹豫了一会儿说："是不是大家聚在一起做一件事情呢？"李老师微笑着说："很接近了，但真正的团队可不只是人们聚在一起而已。群体是指由许多个体组成的整体。而团队是一种为了实现共同目标，由相互协作的个体组成的工作群体，一个团队中的个体具有互补的功能，可产生'1+1＞2'的效果。"

李老师的话让小王明白：元旦晚会节目编排同样需要团队合作；同学们应该将自己放入团队中考虑，在表达自己意见的同时学会倾听他人的声音，对他人给予应有的尊重和信任；分工合作，互相支持。

分析与练习

1. 团队与一般群体的区别是什么？

2. 团队合作一般有哪些注意事项?

·小贴士·

团队合作中的注意事项

1. 团队建设是一个系统工程，其中目标确立、角色分工、绩效管理、团队沟通、信任与协作是团队建设的基础。
2. 一个成熟的团队并不是一蹴而就的，往往要经历团队的形成、团队的磨合、团队的尝试运作、团队的高效运作与团队的创新等成长过程。
3. 在进行活动的过程中，一定要悉心听取别人的意见，之后再做出相应的判断，不能一意孤行，只注重自己的感受。
4. 一个团队若想成功，必须运用恰当的方法，而这个方法不仅包括要善于利用有效资源，还包括学会倾听他人的意见，用沟通来寻求彼此间的默契。

活动体验

活动一　信任小游戏

为了培养班级的团队精神，加深彼此间的信任与默契，小王组织大家玩了一个小游戏。小游戏5人一组，有一位组长。首先要求除组长外的4人戴上眼罩，须完全看不见；然后将大麻绳围在各自腰间；在两分钟内，由组长指挥，将绳索围成指定的图形（平行四边形、梯形、菱形、三角形）。在这一过程中，同学们不能手拉手，只能通过大麻绳互相维系。

小王让第一组5位同学尝试；他们需要共同围成一个平行四边形。先确定同学A为组长。组长指定同学B的位置一直保持不变，其余3人根据同学B的位置，在组长的指挥下，依靠绳索依次走动，最后围出指定图形，将绳索不变形地平放于地上，检查图形是否正确。

需要注意的是，作为组长的同学A和最先确定位置的同学B，实际上担负起了领导团队的作用，作为“定海神针”，他们需要对团队的整体情况有一个准确的判断和理解，其他的同学需要绝对信任他们，并且听从指挥进行移动。

交流分享

1. 结合上面所学的知识，你认为建立团队要注意什么？

2. 通过这个活动，你领悟到了什么？

启示

建立信任的四个要诀

1. 认真倾听他人的意见，设身处地地为他人着想。
2. 设计一些合作沟通的群体活动。
3. 交流谈心，扩大成员间相互支持的范围。
4. 公平公正，以大家的共同利益作为合作的基础。

活动二　我是你的眼睛

活动步骤：

（1）先播放一段舒缓的音乐，然后指定一部分同学到中间来站成两竖排，告诉他们一排扮演的角色是盲人，而另一排扮演的角色是拐杖。

（2）之后再让扮演盲人的同学戴上眼罩，原地转3圈，再依靠扮演拐杖的同学，开始向前行进。

（3）在扮演盲人的同学行走的过程中，扮演拐杖的同学只能用肢体动作引导，不允许进行语言交流。

需要注意的是，整个过程不能说话，就是一支静静地行进的队伍，扮演拐杖的同学一定要保护好扮演盲人的同学的安全，组织者始终控制两组之间保持半米左右的距离。

交流分享

1. 当你做“盲人”时有什么感受？当你做“拐杖”时有什么感受？

2. 在行进过程中，遇到障碍时，你是怎样克服的？

启示

团队游戏的价值和意义

1. 游戏的核心目标是为了让同学们体会团队合作中相互信任的重要性，增强团队的凝聚力。
2. 在活动中，同学们能够培养相互之间的默契程度，增加信任。这种信任不会随着时间的流逝轻易消失，而是会保留在每个人的心里，成为日后团队合作的基石。

课堂练习

根据本章内容，结合活动体验，说一说还有哪些增强团队信任的方式和方法。

课后尝试

和你的同学一起，尝试针对某一具体任务建立一个团队，通过目标确立、角色分工、绩效管理、团队沟通、信任与协作等过程，体验团队成员之间的信任和合作。

第二节 开展团队合作

一个人的努力是加法，一个团队的努力是乘法。

——佚名

学习目标

1. 了解优秀团队的基本要求和主要特征。
2. 有效提升自己的团队合作能力。

学习要点

1. 树立对团队合作的正确认识。
2. 学会正确地进行自我定位，明确个人在团队中的价值和作用。
3. 能够体验团队的力量，能合作，会合作。

故事阅读

合作的力量

相传，在古希腊时期的塞浦路斯，曾经有一座城堡里关着7个小矮人，据说他们是因为受到了可怕咒语的诅咒，才被关到这个与世隔绝的地方。他们住在一间潮湿的地下室里，得不到任何人的帮助，没有食物，也没有水。这7个小矮人越来越绝望。在7个小矮人中，阿基米德是第一个受到守护神雅典娜托梦的。雅典娜告诉他，在这个城堡里，除了他们在的那个房间外，在其他的25个房间里，一个房间里有一些蜂蜜和水，一个房间里有木柴，剩下的房间里有石头，其中有240块玫瑰红的灵石，收集到这240块灵石，并把它们排成一个圆圈的形状，可怕的咒语就会解除，他们就能逃离厄运，重归自己的家园。

第二天，阿基米德迫不及待地把这个梦告诉了其他的6个伙伴。有4个人都不愿意相信，只有爱丽丝和苏格拉底愿意与他一起努力。开始的几天里，爱丽丝想先去找些木柴生火，这样既能取暖又能让房间里有些光亮；苏格拉底想先去找那个有蜂蜜和水的房间；阿基米德想快点把240块灵石找齐，好快点让咒语解除，3个人无法统一意见。于是，3个人决定各找各的，但几天下来大家都没有收获，反而累得筋疲力尽，还让其他的4个人耻笑不已。

为了提高效率，阿基米德决定把7个人兵分两路：原来3个人继续从左边找，而特洛伊等4人则从右边找。但问题很快就出现了，由于前3天一直都坐在原地，特洛伊等人根本没有任何的方向感，城堡对他们来说就像一个迷宫。他们几乎就是在原地打转。阿其米德果断地重新分配：爱丽丝和苏格拉底各带一队，用自己的诀窍和经验指导他们慢慢地熟悉城堡。经过交流，大家才发现，原来他们中的有些人可以很快找到房间，但在房间里找到的石头都是不是灵石；而那些能找准灵石的人，往往又速度太慢。而他们可以将找得快的人和找得准的人组合起来。

于是，这7个小矮人进行了重新组合。在爱丽丝的提议下，大家决定先开一次交流会，交流经验。然后把有用的经验都抄在能照到光亮的墙上，提醒大家，省得再去走弯路，这样大大提高了他们的效率。在7个人的通力协作下，他们终于找齐了所有的灵石，顺利返回了自己的家园。

小矮人最终能够找齐灵石，成功解除诅咒，返回自己的家乡，得益于他们7个人组成了一个优秀的团队，在合作中，集思广益，发挥每一个人的特长，并且形成了完美的配合。具有这些特性的团队，能够逐渐发展成主动学习、勇于创新的优秀团队，并取得巨大的成功。

思考

1. 阿基米德在故事中发挥了什么样的作用?

2. 你认为7个小矮人成功的秘诀是什么?

你知道吗

优秀团队的基本要求

1. 资源互补。团队成员的想法五花八门，即使团队成员就某一项的某一点达成共识，也是短暂的。团队讲究资源互补而绝非资源重叠，只有当资源互补的时候，才能获得更多的信息。
2. 有机的整体。团队应该像一辆车，部件完整才能够正常行驶，少一个部件就会出问题。因此，团队成员之间一定要懂得相互理解、相互配合的重要性。

场景分析

做最好的“我们”

同学们在体验过信任小游戏之后，讨论的气氛变得更加和谐了。开班会的时候，大家畅所欲言。有同学说：“既然大家觉得啦啦操难学，那么改成练习其他种类的舞蹈。因为上一届的优秀节目就是舞蹈。”又有同学说：“舞蹈肯定不行，无论是哪一种舞蹈，都需要很长的时候练习，时间根本来不及。”经过七嘴八舌的讨论，大家最终达成了共识：只有大合唱是最符合时间要求的，只要节拍不出错，声音洪亮一些，效果一定会不错。再将音乐和舞蹈融合在一起，排演一个歌伴舞节目。正当氛围渐渐融洽的时候，新的矛盾又出现了，有同学推脱任务，也有同学争做指挥，谁来做这个负责人呢？谁来负责打印乐谱，协调同学们的时间，安排排练场地呢？

经过投票，同学们最终选举了班长小王作为节目的主要负责人，大家都认为，他做事认真负责，又能够将大家团结起来，是节目负责人的不二人选。在小王的组织下，第一次彩排的时候，有些同学主动为跳舞的女生们买来了水和小零食，还有同学扛着摄像机认真记录着大家的一举一动。小王一问才知道，原来这位同学是摄影爱好者，想要拍摄一些节目准备的花絮。看到负责音乐部分的乐队同学每天搬运乐器非常辛苦，于是，其余的同学就自发组织了一支小分队，每天轮流帮助搬运乐器。同学们拧成一股绳，气氛非常融洽，体谅他人难处、互帮互助的场景处处可见。

每当其他班的同学悄悄向小王打听班级节目准备时，他都会自豪、骄傲地夸奖：“我们是最好的啦！”

分析与练习

1. 你认为小王在团队中发挥了什么作用？

2. 大家能够团结合作的原因是什么?

·小贴士·

团队领导的必备要素

羊群中一定要有一只领头羊，其他的羊就会跟着它一起行动。完成一项活动，一定会有很多的问题，这时，就需要一个人担任团队领导，全面负责汇总、决策、协调、推进等。一个好的领导需要凝聚大家的智慧，协调各方的冲突，解决突发的问题，这样才能引导大家齐心协力做好一件事。具体来说，好的领导需要具备进取、诚实、正直、自信、合作、实事求是、乐观等优良品质。还需要：

（1）有长远的目光。

（2）与成员清楚明晰地沟通。

（3）尊重和信任每一个团队成员。

（4）不轻易对别人下结论。

（5）不随意批评别人。

（6）不让别人感到自卑。

（7）不贬低别人。

活动体验

活动一 我们搭档说故事

第一步，故事接龙。即首先由一个人为一个故事起个开头，大家按照这个思路把故事讲下去，一直到形成一个完整的故事为止，最后为故事取一个名字。

第二步，情景创设。经过同学们的集思广益，一个生动有趣的故事就形成了。接下来，大家把这个故事变成一幕幕的小情景，进行分组表演。

第三步，角色要求。两两分组，然后任意选择一个小情景。指定每组的两个成员中，1人为A，1人为B。A是这场游戏的演员，B是A的台词提示者。

第四步，依次表演。B组的同学挨着A组的同学站着，当轮到角色（A组的同学）说话时，就会把台词拿给B组的同学看，再由其转述给A组的同学。A组的同学要密切配合B组的同学的表达，演绎规定情景。

最终，大家接力，共同表演这个故事。

交流分享

1. 请A组的同学考虑：怎样才能使表演更加顺畅呢?

2. 请B组的同学考虑：当A组的同学没能顺利地表演出台词时，你有何感觉？

启示

协同合作

1. 团队的核心是全体成员的向心力、凝聚力，最高境界是协同合作，反映的是个体利益和集体利益的统一，这样可保证团队的高效运转。

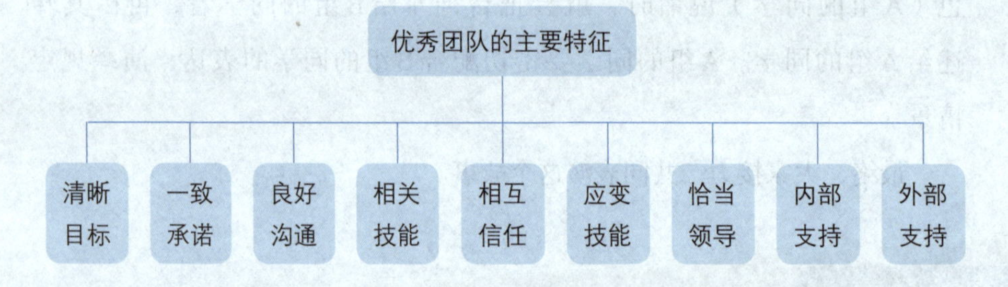

2. A组的同学认真聆听，充分发挥自己的想象力，尽量表演出B组的同学说出的台词；及时提问，努力适应，在团队合作中，沟通往往是一个不可或缺的部分。
3. B组的同学不急不躁，要尽量多一些提示，可以是语言的，也可以增加一些非语言的提示，以便A组的同学能准确理解；如果A组的同学的表演有所偏离，也不要急躁，因为这只是一个游戏。要换位思考，学会欣赏，互相鼓励，才能真正做到密切合作。

活动二 森林寻宝

传说有座古城位于一个与世隔绝的森林里，同学们组成古城探险队伍，寻找特定宝物。古城中有一个向导，但是由于存在语言障碍，经过翻译的耐心解释，他才同意在两个保护者的护送下带路。古城中到处散落着金币，如果金币被盗，全城人民将面临灾难。因此，条件是大家必须都戴上眼罩，保证以后不会再来这里，而且一路上不能进行语言交流，但是可以通过其他方式，如肢体动作来传递信息给后面的队友，以确保团队能安全到达目的地。

同学们手拉手围成圈，戴上眼罩。然后，组织者悄悄让一位同学摘下眼罩，告诉他，他将充当向导，负责带领整个团队，并且只告诉了这位同学宝物的位置。同时，组织者挑选了另外两位同学充当沿途的保护者。

最终，通过同学们的共同努力，大家终于找齐了所有的宝物。这些宝物其实是组织者事先藏起的积木。

团结合作就是生活中真正的宝物。

交流分享

1. 在现实生活中，如果你遇到需要将自己的安全托付给别人的情况，你会选择怎样做？在何种前提下你才会这样做？

2. 和他人一起做活动的时候，如果有人跟你持有不同的意见，你会怎么处理呢？

启示 信任是合作的基石

1. 在团队活动中，虽然会有害怕、忐忑，但一定要尽力去信任对方。全身心地相信对方，能够加深彼此之间的了解。
2. 在团队活动中，一定要虚心听取他人的意见，换位思考，多方面考虑情况；与人合作就要有虚心、耐心和信心。

课堂练习

如果请你作为负责人来组织一项活动，你需要做好哪些方面的事情？

课后尝试

学校准备组织一次志愿者活动，想请你作为班级负责人拟定主题，并进行召集和组织，你准备从哪些方面着手？请制作一个简要的团队招募计划。

创业能力是指发现或创造一个新的领域，致力于理解创造新事物（新产品、新市场、新生产过程或原材料、新技术），并运用各种方法去利用和开发它们，并产生各种新的结果。

创业能力可以分为两个方面，一方面是个人所具有的人力、物力和财力；另一方面是指创业者的个人能力，包括专业技能和创业素质，其中创业素质包括创业热情、价值观、发现能力及创新能力。与就业能力相比较，创业能力比就业能力多的是发现的眼光、创新的智慧。

面对创业，你真的准备好了吗？

10 创业能力养成

第一节

寻找创业机会

> 青年人有理想、敢担当、能吃苦、肯奋斗，中国青年才会有力量，党和国家事业发展才能充满希望。
>
> ——习近平

学习目标

1. 能根据外部环境发现创业机会。
2. 能根据对自身资源优势、劣势的评估来选择合适的创业机会。

学习要点

1. 学会发现创业机会。
2. 了解创业者需要具备的基本条件和素质。
3. 学会分析自身是否适合创业和学会发现创业机会。

故事阅读

网上开店卖菜

某职业院校计算机专业学生小张刚毕业时，集结了同学中的“电脑高手”，组建了学校第一间“设计工作室”。当时，他们接洽了几宗“大生意”——帮一些企业创建官方网站。毕业后，小张开了家公司，从事广告设计。

后来，在和朋友思想“碰撞”后，小张有了开个“网上超市”的想法，并进行了尝试。小张做了小型的市场调查，发现电子商务网站上的农产品有很大的经营空间。于是，小张把创业范围集中在“有机农产品”领域，服务对象定位于白领家庭。

因为年轻，小张的想法与众不同。一次市场考察中，有人向他介绍：他们那儿的鸡蛋是绿色的壳，蛋清和蛋白比普通鸡蛋更有营养。小张听后顿受启发——现在卖东西都是卖商品，我能不能“卖故事”？于是，小张将店里几十种商品一一归类，从网上搜集了商品从产地到用途等各种信息，写成一个个“产品故事”，向消费者介绍怎样从颜色、大小、形状等细节来分辨农产品的质量，并把一些有机农产品和各项身体健康指标“对号入座”。

赋予商品故事和文化后，消费者的认可度马上提高了不少，两个月后销售额就有了新突破。在小张的网店里，商品旁边不再是单一的价格标签，还有五颜六色的“故事牌”，方便消费者更多地了解并更好地挑选适合自己的商品。

思 考

1. 小张是怎样在经营有机农产品这一领域创业成功的呢？

2. 从小张的故事中，你得到了哪些关于发现创业机会的启示呢？

你知道吗

发现创业机会

创业机会识别是创业领域的关键问题之一。从创业过程的角度来说，它是创业的起点。创业过程就是围绕着机会进行识别、开发、利用的过程。识别正确的创业机会是创业者应当具备的重要技能。面对具有相同期望值的创业机会，并非所有潜在创业者都能把握。成功的创业机会识别是创业愿望、创业能力和创业环境等多因素综合作用的结果。好的创业机会有以下四个特征。

第一，它很能吸引顾客。

第二，它在你的商业环境中行得通。

第三，它必须在“机会之窗”存在期间被实施。机会之窗是指把创业想法推广到市场上所花的时间，若竞争者已经有了同样的想法，并已把产品推向市场，那么机会之窗也就关闭了。

第四，你必须有足够的资源（人力、财力、物力、信息、时间）才能创业。

场景分析

由5名员工起步的创业

小郑是某职业院校电子信息工程技术专业的毕业生。在校期间，他虽然不是班里的学习尖子生，但却是班里的活跃分子，总是积极参加各种校园活动，从中锻炼并提高了自己的综合素质和综合能力。怀着毕业后自主创业的梦想，他对学校的职业生涯课和职业指导课尤其感兴趣，在课堂中努力地汲取创业知识，并在社会实践活动中增强创业能力。

后来，一直想自主创业的小郑在家人的帮助和支持，以及学校和老师的关心下，向银行贷款成立了一家金属材料有限公司，专门从事钢材的批发和销售，公司最初成立时，只有5名员工。

创业初期，自认为从小在商业环境中耳濡目染、有一点生意头脑的小郑，雄心勃勃，但却屡屡受挫，很多事情想得很好，实施起来却很难，如公司有货但接不到订单，好不容易接到了订单，却又找不到货源了。小郑深深地感觉到了前所未有的压力，几乎有了打退堂鼓的想法。但他不是一个轻易认输的人，经过不断反思和总结，小郑选择了坚持，使公司业务逐渐走上正轨。随着公司人员规模的不断扩大，钢材销售和批发的经营区域不断拓展，业务量不断增加，公司也开始盈利了。

眼下，小郑又为公司制定了新的发展规划，他的目标是：在五年内将经营区域继续拓展，业务量增加两倍，经营利润翻番，同时进军汽车维修和装潢领域。

分析与练习

1. 小郑创业成功的原因是什么?

2. 创业者应具备什么样的条件和素质?

·小贴士·

勇于尝试

任何事情，只有勇于去尝试才可能获得成功，不尝试就永远没有成功的机会。要创业，我们就不能只是想想，而是必须行动起来。但是在这之前，应当了解成功创业并经营好公司的必备素质。

首先，要有创业的眼光与心态。要看得到商机，要有广博的知识，对即将涉足的行业要了如指掌，要懂法律、懂管理、懂业务、懂营销。要有良好的心态，自信、乐观、刚强、果断的性格能帮助创业者在创业过程中克服重重困难。

其次，要有创业的能力与诚意。创业者除了体力充沛、精力旺盛、思维敏捷之外，还应当具有创新能力、分析决策能力、预见能力、应变能力、用人能力、社交能力、组织协调能力和管理能力等。

再次，要有创业的激情与坚持。“罗马不是一天建成的。”万事都不能急于求成，创业同样也是一个漫长的过程，最怕的就是在初期受挫后半途而废。面对失败，我们需要学习进取，调整方案，换个方式继续前进，这样才能最终走向成功。

活动体验

活动一　你适合创业吗

你是否羡慕那些创业成功的人呢？梦想常常是成功的第一步。假如你已经考虑过自主创业，那么就需要知道自己是否适合进行创业，并具备基本的条件和能力。下面的创业测验就可以帮助你了解一些相关方面的信息。

序号	创业测验问题	是 / 否
1	你希望克服受雇于人的烦恼吗	
2	你是否能筹到足够的资金来支付创业前 1—3 年的支出呢	
3	在创业阶段，你非常需要一笔稳定的收入吗	
4	假如没有一笔稳定的收入，你能维持基本的生活吗	
5	你现在能否利用业余时间开启一项事业，以检验自己的兴趣与特长	
6	在你的专业或业务领域里，你有精通的项目吗	
7	你能否做一份书面的营业计划，并对第一年的盈亏做预算	
8	你能否延迟满足自己的需要，全心投入以获得成功	
9	在你的学校、所在社区，你为大家所熟悉吗	
10	当你疲劳或烦恼的时候，你能否耐着性子听取同事或下属的批评与建议	
11	你的知识和能力是否足以让你从事创业工作呢	
12	你有兴趣并有实力投资于技术革新与业务改进吗	
13	是否有专业团队或个人等可用的资源来帮助你	
14	你是否有一个专业人才网络可作为你事业经营的参谋呢	
15	你倾向于自我激励，并对自己有着极强的洞察力和自信心吗	
16	你喜欢变革并乐于做决策吗	

交流分享

1. 汇总自己的选择情况，并与同学进行分享。

2. 记录老师小结的要点。

启示

创业的基本思路

不是每个人都适合创业。但每个人都有自己的定位、自己的想法，要在社会上立足，每个人必须要有创业的精神，要了解创业的基本思路。那么，创业的基本思路是什么呢?

（1）了解所要进入的行业的现状。

（2）在实践中锻炼自我，选择时机。

（3）以小博大，积小利求大成。

（4）发挥自己的知识优势。

（5）运用自身特长。

（6）精心制定开局方案。

（7）注重质量管理和质量形象。

活动二　创业机会大比拼

（1）小组个人赛：我们小组中谁发现的创业机会最多？

① 探索与发现：小组内组员独立思考并记录自己探索发现到的创业机会，要求至少三个，记录在纸上。

② 组内评比：由小组长带领组员互相对发现的创业机会进行探讨和比较，按照发现的数量进行排序。

③ 组内分享：小组内每个组员互相分享各自探索发现创业机会的具体情况。

（2）组间团体赛：哪一组发现的创业机会最多？

① 整合小组探索成果：各小组先整合组员发现的创业机会，去掉重复的项目，并由本小组记录员记录在表中。

序号	创业机会
1	
2	
3	
4	
5	
6	

② 小组汇报：由某一组员用板书展示或口述，汇报本小组内个人赛的比赛结果和团体成果。

③ 组间评比：由某一组员汇报小组探索成果，进行组间创业机会发现的评比。

④ 按照发现数量进行比较，评出发现数量最多的前三名，分别授予团体冠、亚、季军的称号。

（3）小组创业项目选择与展示评比。

请各小组先筛选组内发现的创业机会中出现频率最高的三个，然后进行讨论，将结果记录在表中。接下来，组员对这三个创业机会进一步讨论，并选择其中一个作为本小组课后进行创业设计的项目。

项目名称	服务对象	经营范围	经营形式	自身条件	外部条件

交流分享

1. 秀一秀，你们小组发现的创业机会有哪些？

2. 评一评，哪个小组的发现最有特色？

3. 议一议，你们发现的创业机会中有哪些是可以实施的？

启示

寻找创业机会

1. 需求。创业的根本目的是满足他人的需求，寻找创业机会的一个重要途径是善于去发现自己和他人的需求。
2. 变化。创业机会大多产生于不断变化的市场环境中，环境发生了变化，市场需求、市场结构必然发生变化。

3. 创造发明。创造发明提供了新产品、新服务，同时也带来了创业机会。比如随着电脑的诞生，电脑维修、软件开发、网上开店等创业机会随之而来。

4. 竞争。看看周围的公司并思考，你能比他们更快、更可靠、更合理地提供产品或服务吗？能做得更好吗？若能，也许就找到了创业机会。

5. 新知识、新技术。例如，随着健康知识的普及和技术的进步，围绕“水”也带来了许多创业机会，不少创业者因此走上了创业之路。

课堂测试

根据创业者必备的素质，对“现在的你”进行自我诊断，再列出改进措施。

素质	自我诊断			改进措施
	弱	中	强	
独立				
合作				
果断				
克制				
坚韧				
适应性强				

课后尝试

试一试，为你发现的创业机会做一个好的创业设计。

第二节 学习创业过程

青年人是全社会最富有活力、最具有创造性的群体，也是推动创科发展的生力军。要为青年铺路搭桥，提供更大发展空间，支持青年在创新创业的奋斗人生中出彩圆梦。

——习近平

学习目标

1. 学会理财。
2. 熟悉创业的基本过程。

学习要点

1. 了解理财的相关知识。
2. 学习如何开办公司。

故事阅读

街道为什么被罚款

街道负责人告知陆斌，街道原先申办了一家书店，手续一应俱全，前店主因故要转让，想请陆斌接手。当时陆斌未多想就答应了。

书店重新开张后半个月，陆斌却被工商局告知，书店属于无证经营。

陆斌赶紧找到街道负责人，一起匆匆赶到工商局。核实的结果是前店主代开过一个转让证明，但已将营业执照注销。原因既明，经双方协商，书店再开，执照重办，街道被罚款。

思　考

1. 街道为什么被罚款?

2. 重办书店营业执照的过程有哪些?

3. 在开始一项创业之前，应做好哪些方面的准备?

你知道吗

开办公司时须申请营业执照

开公司办企业，首先要向所在地工商局申办营业执照（特殊行业的，还要去有关部门申办特别许可证），营业执照上一般需注明法人代表（业主）的姓名、企业名称、注册资金、经营范围、经营方式、经营期限等，这是企业合法经营的依据，具有法律效力。如果无证经营，将被取缔。

停业也必须由法人代表及时向原工商局和有关部门办理注销手续。

场景分析

控制开支的小龙

小龙是旅游服务与管理专业的学生，刚刚完成第一年的学习，除学费外，零花钱居然花了四万多元，父母批评不说，他自己也觉得花费过多了。他希望请教理财师，如何合理安排，才能将下一学年的开支控制在一万五千元左右？

分析与练习

1. 如果你是理财师，你认为小龙应该在哪些方面控制自己的开支？

2. 你认为在目前的学校生活中，每月的支出为多少比较合理？请说出你的理由，并据此为小龙计划月支出表。

用途	学习用品	餐饮	交通出行	通讯	日常活动	旅游出行	其他
金额（元）							

你知道吗

生活理财小窍门

生活理财小窍门有：开源节流；计划消费；拥有个人储蓄；记账等。一定要掌握以下三点。

（1）学会计划。将钱分配到在校的每个月，制定每月最高消费额，认真执行，绝不透支下月的支出。上月的节余不自动计入下月定额，而是另行记账。最好是制定一个计划，比如一个学期攒多少钱就给自己一件对应的奖品或给父母买一件礼物。

（2）学会记账。分固定支出和不固定支出，固定支出如吃饭等不可避免的消费，不固定支出如旅游出行等。

（3）学会总结。如果花钱比较多，建议每周进行财务总结，分析哪些支出是必要的，哪些是不必要的，在头脑中形成理财的概念，在下一周尽量把钱花在必要的地方。

活动体验

活动一 创业流程猜猜猜

（1）全班分成几个组，准备一些便签条，上面分别写上创业过程中的各流程，每组派一位组员上台给这些流程排序，其他人作为观察者。

（2）小组之间评比，看哪一组贴得又快又准确。

交流分享

1. 参加排序的同学发表活动感言。

2. 作为观察者的同学发表感想。

启示

创业的基本流程

1. 选择合法的办公地址。
2. 选择符合工商局规定的企业名称。
3. 筹集注册资金。
4. 办理营业执照。
5. 依法刻制公章、财务专用章、法人私章。
6. 办理企业组织机构代码证。
7. 办理国税登记证及地税登记证。
8. 到银行开立企业基本账户。
9. 涉及特种经营项目的，须办理各种特种经营许可证。

活动二　模拟开办公司

（1）选出两个同学作为总经理，介绍自己的创业构想，并吸引其他同学加入自己的公司。

（2）总经理与员工一起讨论分工，将经理助理、采购、市场、财务等职位一一安排妥当。

（3）总经理负责对员工进行培训。

（4）开始经营。分小组模拟公司的经营，分别扮演公司经营中的各个角色，从不同角度体会不同角色的行为和心理。

交流分享

1. 每个小组选出代表发表活动感想。

2. 大家自由发表感想。

了解公司

1. 根据股东对公司所负责任而划分的公司类别。

类 别	含 义
无限公司	指全体股东对公司债务承担无限连带责任的公司
有限责任公司	指公司全体股东对公司债务仅以各自的出资额为限承担责任的公司
两合公司	指公司的一部分股东对公司债务承担无限连带责任，另一部分股东对公司债务仅以出资额为限承担有限责任的公司
股份有限公司	指公司资本划分为等额股份，全体股东仅以各自持有的股份额为限对公司债务承担责任的公司
股份两合公司	指公司资本划分为等额股份，一部分股东对公司债务承担无限连带责任，另一部分股东对公司债务仅以其持有的股份额为限承担责任的公司

2. 创办公司所需条件。

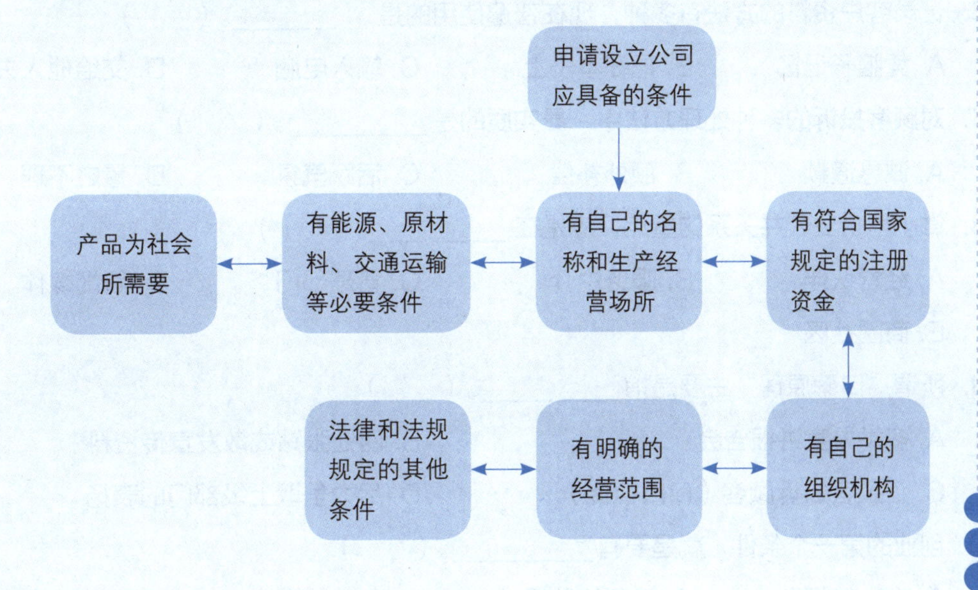

课堂练习

1. 良好的开始是成功的一半，创业者所选择的项目必须是__________。(　　)

A. 最赚钱　　B. 别人成功的　　C. 朋友推荐的　　D. 适合自己的

2. 交通主干道上人与车的流量很大，应是开店经营的__________。(　　)

A. 理想地段　　B. 稍差地段　　C. 回避地段　　D. 一般地段

3. 小王从自己和朋友每月要吃十多次小龙虾的现象中，萌生了自己去做小龙虾生意的念头，这是__________的创业动机。(　　)

A. 向往发财致富　　B. 偶尔发现市场机会

C. 基于个人需求　　D. 受他人成功影响

4. 在何处开店对企业是至关重要的，众多考虑因素中的__________是尤其要重视的。(　　)

A. 客流量大小　　B. 商圈档次　　C. 租金高低　　D. 物业条件

5. 企业客户在货款支付方面，往往有如下特征__________。(　　)

A. 一般为现金支付　　B. 较容易产生拖欠

C. 支付有保障　　D. 不会出现坏账

6. 记录客户资料的方法有多种，现在普遍使用的是__________。(　　)

A. 凭脑子记忆　　B. 记在本子上　　C. 输入电脑　　D. 交给他人去办

7. 对顾客投诉的多种处理方法中，最实质的是__________。(　　)

A. 诚恳道歉　　B. 额外补偿　　C. 活跃气氛　　D. 置之不理

8. 微小型企业公共关系的重点，应是在__________。(　　)

A. 经营伙伴　　B. 服务中介　　C. 管理部门　　D. 新闻媒体

E. 商圈社区

9. 所谓“口碑原理”主要是指__________。(　　)

A. 多举办宣讲报告会　　B. 四处张贴或散发宣传资料

C. 让顾客告诉顾客（口口相传）　　D. 尽力争取上级部门的表扬

10. 创业的第一个条件，就是要有__________。(　　)

A. 众人的相助　　B. 强烈的欲望　　C. 充足的资金　　D. 平和的心态

11. 新企业必须认真研究顾客，了解对手，对市场做出__________的估计。(　　)

A. 大胆积极　　B. 谨慎保守　　C. 实事求是　　D. 非同一般

12. 识别机会的最好办法，就是__________。(　　)

A. 向能人、专家请教　　B. 分析思考

C. 总结别人的成功经验　　D. 倾听人们的不满

13. 小朋友喜欢买玩具，主要是受其__________的影响。(　　)

A. 职业地位　　B. 年龄性别　　C. 文化习俗　　D. 经济条件

14. 微小型企业在激烈的竞争中，较为适宜有效的是以__________。(　　)

A. 技术取胜　　B. 服务取胜　　C. 价格取胜　　D. 形象取胜

15. 应该明白这个道理：只有__________的顾客，才会再次来店，或者经常购买。(　　)

A. 存在需要　　B. 感到满意　　C. 贪图便宜　　D. 不计较

16. 所谓的“满意定价”是指__________。(　　)

A. 定高价，让卖方满意

B. 定低价，让买方满意

C. 定在高价与低价之间，让买卖双方都满意

D. 定在指导价，让管理方满意

17. 可对新产品、时兴商品和__________商品采用直销手段。(　　)

A. 鲜活易腐　　B. 价格低廉　　C. 包装简陋　　D. 形状怪异

18. 竞争分析的主要对象是__________。(　　)

A. 全部市场的竞争者　　B. 全行业的竞争者

C. 商圈内的竞争者　　D. 同类竞争者

19. 在创业的初期，创业者最主要的需求首先是解决__________问题。(　　)

A. 资金　　B. 项目　　C. 生存　　D. 技术

20. 马斯洛提出动机理论的核心是__________。(　　)

A. 期望理论　　B. 需要层次理论　　C. 成就需要理论　　D. 双因素理论

21. 人类行为模式理论指出，人类的行为根源于__________。(　　)

A. 动机　　B. 需要　　C. 理想　　D. 利益

22. 企业长期的根本战略问题是__________。(　　)

A. 发展问题　　B. 生存问题　　C. 销售问题　　D. 资金问题

23. 在创业初期，新企业在财务方面的问题之一是__________。(　　)

A. 成本概念不清　　B. 材料、设备等进价过高

C. 管理制度不健全、不完善　　D. 进货渠道选择不当，采购成本过高

24. 如果企业赊销货款过多，催收不力，企业应收账款膨胀，就会给企业造成＿＿＿＿＿。（　　）

A. 成本过高　　B. 资金运用困难，影响资金周转

C. 商品损耗　　D. 亏损严重

25. 创业者在销售方面的主要问题是服务对象＿＿＿＿＿。（　　）

A. 不好找　　B. 不明确　　C. 太复杂　　D. 太少了

26. 在企业管理的各项职能中处于首要地位的职能是＿＿＿＿＿。（　　）

A. 计划职能　　B. 组织职能　　C. 指挥职能　　D. 控制职能

27. 在诸多企业规章制度中，＿＿＿＿＿是基础。（　　）

A. 经理负责制　　B. 企业民主管理制度

C. 财务管理制度　　D. 岗位责任制度

课后尝试

为了能够对真实的创业领域有一定的了解，请在课余时间积极进行以下尝试：寻找与本小组创业项目相关的创业人士，记录下他们真实的创业故事（可参考以下创业人士访谈提纲）。

创业人士访谈提纲

班级：　　姓名：　　日期：　　组别：

1. 访问前准备工作：

（1）小组共同讨论，确定访问的人选，联系访问时间和地点。

（2）访问时请携带纸、笔、相机等，以方便记录及收集数据。

（3）前往访问时，请注意安全及礼节。

2. 访问内容提示：

（1）创业人士的基本个人情况，包括年龄、性别、家庭情况等。

（2）创业动机。

（3）创业人士经历了几次创业，分别是什么样的情况？分别从创业起始时间、创业项目的名称、所属行业、选择该项目的原因、投入资金、经营管理、经营定位、聘用人员、创业结果、所获的经验或教训等方面进行访谈。

（4）对过去、现在和未来创业形势的看法。围绕政策与相关规定、市场因素、创业项目选择、创业准备等方面谈一谈。

3. 小组报告方式：

（1）由小组推选一人做口头报告。

（2）如果能配合海报、照片或其他数据会更好。

（3）报告时间以五分钟为限。

（4）口头报告完后，整理出一份书面报告。

4. 注意事项：

（1）访问时各小组应集体行动，勿使小组成员落单。

（2）在书面报告最末页附上本小组分工情况。

后记

“让人人享有人生出彩的机会”，这是一个对未来充满信心的解读，让学生去创造可能，去尝试更多，去体验精彩；让学生过上我们从未体验，也从未看见的生活，这是我们最真切的梦想。《职业素养（第二版）》的出版，是实现这一梦想的第一步。我们为这第一步的跨出付出了艰辛的努力：我们开展了顶层设计，制定了详细的研究方案；我们调查了学生、教师的想法，撰写了详实的调研报告；我们从发展需求出发，拟定了课程标准和框架；我们反复研讨，修改每一个章节的文字和内容；我们对教材进行了试用，根据反馈进行了完善……

作为主编，首先要感谢团队的成员。本教材具体编写情况如下：郭顺清负责第一章的编写，王忠负责第二章、第七章的编写，胡秀锦负责第三章、第四章、第五章的编写，毛新负责第六章的编写，曾贞负责第八章、第九章的编写，冯志军负责第十章的编写，胡秀锦、王忠对全书进行了修改和完善。

我们衷心地感谢华东师范大学出版社李琴老师、余思洋老师的辛勤付出！感谢各职业院校在试用期间给予的建议和期待。

《职业素养（第二版）》虽经多次修改，仍需要在实践中不断完善和丰富。限于水平，书中尚有疏漏或者不当之处，敬请读者批评指正。

编 者

2024 年 2 月